铸剑
电力行业数据安全保障之路

主　编　周文婷

副主编　陈　涛　张琳琳

李　峰　陈　佳

电子工业出版社

Publishing House of Electronics Industry

北京·BEIJING

内 容 简 介

作为当前国内讲述电力行业数据安全实践的著作，本书以铸造电力行业数据安全防御之剑，提高电力行业从业人员数据安全能力为目的，讲述了塑模、铸范、锻造、淬火、抛光、出鞘、剑舞七个步骤的内容，从基本概念到具体实践，主要涵盖了电力行业数据安全概述、数据安全政策法规、数据安全保护体系、数据安全防护技术、数据全生命周期安全风险分析及对策、数据安全典型事件、数据安全未来发展趋势等方面的内容。

本书条理清晰，通俗易懂，语言流畅，内容丰富、实用，将理论与实践相结合。本书适合广大数据安全爱好者、数据安全与网络安全从业者学习和掌握数据安全相关技术和知识，更适合电力行业信息技术从业人员开展数据安全业务，还适用于大专及本科院校数据安全相关课程的案例与实践教学。

图书在版编目（CIP）数据

铸剑：电力行业数据安全保障之路 / 周文婷主编. —北京：电子工业出版社，2024.1

ISBN 978-7-121-47289-3

Ⅰ. ①铸… Ⅱ. ①周… Ⅲ. ①数据处理－应用－电力工程－安全技术 Ⅳ. ①TM7-39

中国国家版本馆 CIP 数据核字（2024）第 039704 号

责任编辑：路　越

印　　刷：中国电影出版社印刷厂

装　　订：中国电影出版社印刷厂

出版发行：电子工业出版社

　　　　　北京市海淀区万寿路 173 信箱　　邮编：100036

开　　本：787×1092　1/16　印张：10.25　字数：242 千字

版　　次：2024 年 1 月第 1 版

印　　次：2024 年 1 月第 1 次印刷

定　　价：79.00 元

凡所购买电子工业出版社图书有缺损问题，请向购买书店调换。若书店售缺，请与本社发行部联系，联系及邮购电话：（010）88254888，88258888。

质量投诉请发邮件至 zlts@phei.com.cn，盗版侵权举报请发邮件至 dbqq@phei.com.cn。

本书咨询联系方式：luy@phei.com.cn。

编 委 会

前　言

当今世界处于百年未有之大变局，全球正在加速迈进万物感知、万物互联、万物智能的数智化时代。随着"云大物移智链"等先进数字信息化技术的不断发展，数字经济站上世界经济发展的主舞台，并步入高速增长的轨道。数据作为新型生产要素，已成为驱动数字经济发展的核心动力。

2020年4月，中共中央、国务院公布的《关于构建更加完善的要素市场化配置体制机制的意见》明确提出：要加快培育数据要素市场，推进政府数据开放共享，提升社会数据资源价值，加强数据资源整合和安全保护。数字经济的发展和突破，必然需要数据这一生产要素实现流通和共享。数据开放共享能有效提升数据要素价值，但随之带来了诸多数据安全问题。因此，加强数据要素流通的风险防护，确保数据合规利用是释放数据价值的安全保障，动态平衡数据安全和开放共享的关系成为数字经济下的关键问题。

我国在数据安全领域加速推进立法工作，近年来，国家出台了《中华人民共和国数据安全法》《关键信息基础设施安全保护条例》《中华人民共和国个人信息保护法》等一系列法律法规，为规范数据处理、开发利用、开放与共享提供了法律依据，从国家立法层面确认了数据安全的重要性。但是，由于行业间数据的类型和特点迥异，法律法规所应用的侧重点不同，因此，健全数据安全管理体系、提高数据安全保障能力已成为各个行业高度重视的基础性工作。电力系统作为国家关键信息基础设施的重要组成部分，电力数据安全事关国家安全与经济社会发展。

2023年6月，国家能源局发布《新型电力系统发展蓝皮书》，明确提出要加强电力系统智慧化运行体系建设，强调要推动电力系统智能升级。新型电力系统以数据为核心驱动，呈现出数字与物理系统深度融合，电力系统的运行逐步呈现高度数字化、智能化、网络化。但随着新型电力系统建设不断推进与发展，与政务、交通、石油、燃气等行业的交互更加频繁，数据共享与流动的需求大幅度增加，因此，数据安全保障能力成为发展新型电力系统建设的重要支撑。需进一步加快推进数据安全合规体系建设，夯实数据安全合规防线，为新型电力系统建设保驾护航。

然而，在新型电力系统面临的数据安全和隐私泄露风险日益严重的情况下，目前行业内关于电力数据安全实践的专业书籍相对较少，针对电力系统数据安全行业政策法规、数据安全保护体系、数据安全防护技术等内容进行系统性梳理的书籍也较为稀缺。

作为当前国内专门论述电力数据安全实践的著作，本书基于电力数据安全，从基本概述贯穿到具体实践，主要涵盖了电力行业数据安全基本概述、数据安全政策法规、数据安全保护体系、数据安全防护技术、电力行业数据全生命周期安全风险分析及对策、数据安全典型事件、数据安全未来发展趋势等方面。本书条理清晰，通俗易懂，语言流畅，内容丰富、实用，将理论与实践相结合，使读者既能领会电力行业数据安全的重要性，又能系统性掌握数据安全从行业政策法规到具体防护技术等一系列行业知识，并将这些方法与技术投入到实际工作中去。

安全之道，贵在防御。本书以铸造安全防御之剑为目的，结合铸剑过程，叙述了电力行业数据安全保障过程。本书第一章为塑模部分，概述了电力行业数据特点、数据安全所面临的风险和挑战；第二章为铸范部分，阐释了电力行业现有的数据安全政策法规；第三章为锻造部分，介绍了电力行业数据安全保护体系；第四章为淬火部分，阐述了电力行业数据安全防护技术；第五章为抛光部分，分析了电力行业数据全生命周期中的安全风险及对策；第六章的出鞘部分是警示教育，叙述了电力行业数据安全典型事件；第七章为剑舞部分，展望了电力行业数据安全未来发展趋势。如果您对电力行业十分熟悉，可以略过第一章内容直接从第二章开始阅读；如果您对网络安全法律法规十分熟悉，可以从第三章开始阅读。如果您仅仅想了解电力行业数据安全防护技术，可以直接去阅读第四章。如果您想了解数据安全全生命周期，可以从第五章着手；如果您对警示教育感兴趣，请跳转至第六章；想了解未来发展趋势的读者，还可以从最后一章开始阅读。

由于作者水平有限，书中不妥或疏漏之处在所难免，恳请读者批评指正。

■ 目 录

CONTENTS

【引子】在中国传统的文化中，剑不单是"兵器"，更是艺术品；在古代，文人常以剑傍身，不仅可抵御风险，更是一种权力和身份的象征。

【塑模】即塑型铸模，就是打造利剑的模型，是铸剑的第一步，为剑身和剑型奠定基础、擘画蓝图。

Chapter 1 | 第一章 |

塑模：电力行业数据安全概述

随着信息技术的高速发展和广泛应用，数据作为企业的重要生产要素，正在加速成为经济增长的新引擎、新动力。与此同时，随着电力行业的网络化、智能化、数字化程度越来越高，电力系统在发电、输电、变电、配电、用电和调度各个环节产生和积累了海量数据，通过对这些海量的数据进行分析处理，可为电力企业的生存发展带来极大的经济效益和社会价值。

数据被称为数字经济时代的"石油"。当前和今后一段时期，电力行业的发展面临哪些机遇和挑战？如何更好地发挥数据要素的作用？越来越多的企业或组织将以数据流动与合作为基础进行生产活动，频繁的数据共享和交换促使数据流动路径变得交错复杂，通过数据攻击获取巨大的经济利益、社会影响已成为攻击者的共识。

近年来网络攻击事件频发，尤其是以电力行业为代表的国家关键信息基础设施成为网络攻击的重点对象，对电力企业的安全运维乃至国家安全都带来了巨大威胁，提升数据方面的安全防护能力，已成为电力企业安全、稳健运行的重中之重。

本章作为全书的开始，将简要介绍电力系统、电力行业数据的特点、电力行业数据安全的重要性以及电力行业数据安全面临的风险与挑战等内容，为后续的内容奠定基础。下面就与各位读者一起在文字中一探究竟，看看电力行业数据安全的"真容"。

1.1 电力系统简介

你了解电力系统吗？你知道新型电力系统与传统电力系统有何区别吗？你知道为何要大力发展新型电力系统吗？带着这些疑问，本节将带你遨游电力系统的海洋，为你答疑解惑，从介绍传统电力系统开始，科普我们所熟知的电力系统"发、输、变、配、用"五大环节，以及新型电力系统提出的背景和其关键内涵等内容。

1.1.1 传统电力系统

电力系统是指由发电厂、电力传输网及电能用户所组成的发电、输电、变电、配电和用电的整体，电力系统示意图如图 1-1 所示。电力传输网是电力系统的一部分，它包括变电所、配电所及各种电压等级的电力线路。

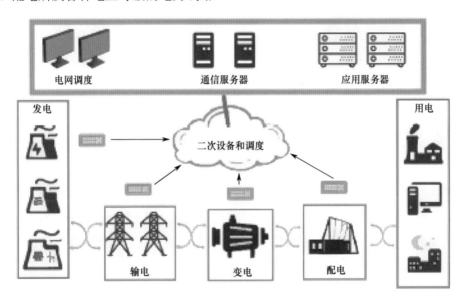

图 1-1 电力系统示意图

电力从生产到供给用户应用，通常都要经过发电、输电、变电、配电、用电这五个环节，可类比为一条完整的商品产业链和流通链，电力系统五大环节如图 1-2 所示。

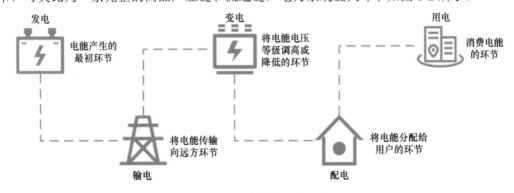

图 1-2 电力系统五大环节

发电：相当于商品的生产过程，将水力、化石燃料的热能、核能、太阳能、风能、地热能和海洋能等其他形式的能源转化为可用的电力产品，以保证国民经济各个部门以及群众生活的需要。

输电：相当于商品的运输过程，实现对电力的长距离和大容量运输。输电可以把相距很远的发电厂和负荷中心联系起来，使电能的开发和利用不受地域的限制。输电的另一个作用是可以将不同地点的发电厂进行连接，以方便峰谷调节。电力系统发、输电示意图如图 1-3 所示。

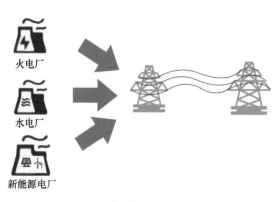

图 1-3　电力系统发、输电示意图

变电：相当于商品的包装和分拣过程，根据需要通过变压器改变电压等级。变电的原理主要就是通过改变变压器两组线圈的匝数来改变交流电压，既能升高电压也可降低电压。因此，通过变电技术实现电能在不同电压等级之间的转换和传输。

配电：将电力系统中扮演电能分配角色的网络称为配电系统，相当于一个电力的物流配送系统，将电力产品配送到每个用户手中。配电系统的主要作用就是将从输电网那里接收的电能，按需求分配下去。电力系统变、配电示意图如图 1-4 所示。

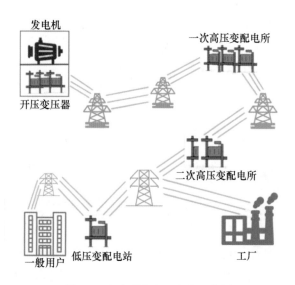

图 1-4　电力系统变、配电示意图

用电：相当于商品的消费过程，是电力环节的最后一个节点。各类用户通过用电设备利用电能满足照明、动力、加热等各种用能需求。日常生活中到处都是用电环节，如家用电器、新能源汽车、电子设备和工业机器等。

另外，除了"发、输、变、配、用"五大环节，电力系统还有一个特殊的过程——调度。电力系统的调度是为了保证电力系统安全稳定运行，通过监控和控制发、输、变、配、用各要素，对电力系统进行实时监督、管理、协调和优化的过程。调度主要包括停送电、倒闸、事故处理等内容。

1.1.2　新型电力系统

当今世界，百年未有之大变局正在加速演变推进，与此同时，局势动荡、全球变暖等问题给人类生存和发展带来了严峻的挑战。全球的能源产业供应链正在遭受严重冲击，国际能源的价格持续高位震荡，能源供需结构正在向多元化、低碳化、智能化的方向发展，以电力系统为代表的能源产业正在发生深刻变革。

传统电力系统的电能生产主要以火电为主，电力行业二氧化碳的排放量占据我国二氧化碳总排放量的四成左右，在我国所有行业中最高。能源电力发展面临保障安全可靠供应、加快清洁低碳转型、助力实现"双碳"目标的重大战略任务。电力行业是碳减排的关键所在。无论是需求端的改变、生活供电和供能方式的革新，还是碳管理行业的发展，都与电力行业息息相关。

那么，如何实现电力行业转型升级呢？国家层面给出了答案。2021年3月15日，习近平总书记在中央财经委员会第九次会议上提出了构建以新能源为主体的新型电力系统，为新时代下电力能源发展与转型升级提供了科学指引。中共中央、国务院在2021年10月印发了《关于完整准确全面贯彻新发展理念做好碳达峰碳中和工作的意见》，进一步指明了新型电力系统的发展方向，明确了以消纳可再生能源为主的增量配电网、微电网和分布式电源的市场主体地位。2023年6月2日，国家能源局发布《新型电力系统发展蓝皮书》，全面阐述了新型电力系统的发展理念、内涵特征，并提出建设新型电力系统的总体架构和重点任务，制定了新型电力系统"三步走"发展路径。

电力行业第一时间纷纷响应新型电力系统建设。2021年5月，南方电网发布《南方电网公司建设新型电力系统行动方案（2021—2023）白皮书》，提出到2030年基本建成新型电力系统。2021年7月，国家电网发布《构建以新能源为主体的新型电力系统行动方案（2021—2030年）》，目标是到2035年基本建成新型电力系统，到2050年全面建成新型电力系统。构建新型电力系统已经成为一项国家战略部署，那么，究竟什么是新型电力系统？新型电力系统到底具备哪些特征？下面就让我们带着这些疑问一起来揭开层层神秘的面纱吧！

首先，结合新型电力系统的战略定位及建设目标，我们可以总结出新型电力系统的定义。新型电力系统以保障能源电力安全为基本前提，以满足经济社会发展的电力需求为首要目标，以最大化消纳新能源为主要任务，以坚强智能电网为枢纽平台，以源网荷储互动与多能互补为支撑，加强电力供应支撑体系、新能源开发利用体系、储能规模化布局应用体系、电力系统智慧化运行体系等四大体系建设，是新型能源体系的重要组成和实现"双碳"目标的关键载体。

基于以上分析，我们可以看出新型电力系统与传统电力系统的区别主要在于以下几个方面，如图 1-5 所示。

	发电侧形态	电网侧形态	用户侧形态	电能调度方式
传统电力系统	火电为主	单一大电网	仅为电力消费者	源随荷动
新型电力系统	风电、光伏发电为主，集中式和分布式并存	单一大电网和微电网并存，微电网有并网离网模式	用户既为电力消费者，又为电力生产者	"源随荷储"互动，源侧、网侧和荷侧均可灵活调节

图 1-5　新型电力系统和传统电力系统对比

（1）发电侧形态方面：传统电力系统主要由大型火力发电和水力发电组成，以集中发电为主要形式，也就是大型发电厂将电能输出到各个地方；新型电力系统则更加分散多样化，除了传统的火力发电和水力发电，还包括了风力发电、太阳能发电、生物质发电等可再生能源发电设施，相关发电方式不稳定，对电力系统调度和电力系统的稳定性都具有一定的挑战。

（2）电网侧形态方面：传统电力系统的电网结构相对简单，电能从发电厂经过输电、变电、配电环节单向流动传输到用户侧；新型电力系统的电网结构相对复杂，电能从单向流动转变为了双向流动，分布式能源、微电网以及储能设备等设施也是新型电力系统的重要组成部分。

（3）用户侧形态方面：传统电力系统中的用户侧仅充当电能消费者的角色，较为被动；而在新型电力系统中，用户侧则更加主动，除了消耗电能，还可以通过储能设备、虚拟电厂等方式向电网输送电能。

（4）电能调度方式方面：传统电力系统主要依赖调度中心，人工进行调度和控制，调度过程相对固定，且在数字化技术方面的应用较为有限；新型电力系统则充分利用了人工智能、物联网、大数据分析等数字化手段，结合需求响应、微电网等手段，实现电力系统的智能化和自动化调度。

构建新型电力系统是一项繁杂而非常艰巨的系统性工程，不同发展阶段的特征差异明显，需科学部署、统筹谋划、有序推进，新型电力系统建设"三步走"发展路径如图 1-6 所示。《新型电力系统发展蓝皮书》中提到，以 2030 年、2045 年、2060 年为构建新型电力系统战略目标的重要时间节点，提出如图 1-6 所示的新型电力系统建设"三步走"发展路径，即加速转型期（当前时间至 2030 年）、总体形成期（2030 年至 2045 年）和巩固完善期（2045 年至 2060 年），分步骤推进新型电力系统建设的"进度条"。

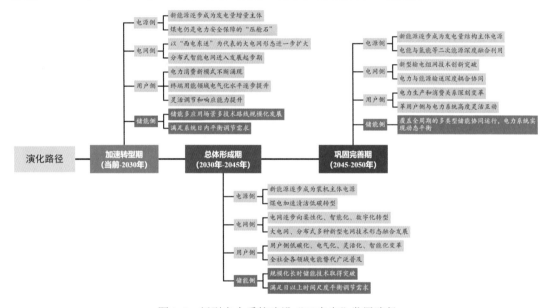

图 1-6 新型电力系统建设"三步走"发展路径

与此同时，构建新型电力系统、促进能源清洁低碳转型要求数字技术与电力系统深度融合，提高电力系统数字化水平是数字经济发展的必然趋势，构建数字技术支撑体系是推动电力行业数字化转型的现实需要，具有重要意义。

一方面，数字化是赋能传统电力系统转型升级的重要抓手。传统电力系统通过信息化、智能化、数字化建设，可以大幅提升电力企业的生产效率和经营效益，进一步降低资源消耗、运维成本和碳排放量。

另一方面，数字化转型升级是发展壮大新型电力系统的必经之路。随着数字技术在电力行业的研发设计、生产制造、能耗监测、运维管理、消费服务、风险预警等各环节中逐渐深度应用和融合发展，电力行业正经历着巨大变革，数字化已经成为新型电力系统创新发展升级必不可少的技术基础。

1.2 电力行业数据特点

对于电力行业而言，电力系统在运行各个环节时都会产生海量数据，根据业务特性，电力生产设备的运行工况参数、设备运行状态等实时生产数据，现场系统所采集的设备监测数据以及发电量、电压稳定性等方面的数据，企业运营和管理数据等，这些结构化数据、非结构化数据、半结构化数据共同构成了电力行业数据，每个类型的数据有其不同的特点。

这些数据的高效处理和利用，对于电力系统的运营和管理至关重要。同时，数据的保护和安全也是电力行业面临的挑战。我们需要深入理解电力行业数据的概念、特点和作用，以便更好地利用它们来优化电力系统运营管理，并确保数据的安全和隐私保护。但是，电力行业数据到底是什么呢？有何特征？为什么数据如此重要并且需要保护？什么是数据安全？为什么数据传输和处理需要保护？

因此，本节将详细探讨数据的概念、特点和作用，同时探讨数据安全和隐私保护方面的问题。

1.2.1 数据来源广泛

电力行业数据主要来自发电、输电、变电、配电、用电等各环节，根据数据来源不同可大致分为四类。

（1）发电侧

产生的数据主要来自发电厂数据采集系统、发电厂远程监测和管理系统、电量采集管理分析系统、光伏功率预测系统等。

（2）电网侧

主要为设备及系统运行数据、设备检测及监测数据，包含在能量管理系统、配网管理系统、广域量测管理系统、生产管理系统、电网调度管理系统、停电管理系统、故障管理系统、图像监控系统、电网地理信息系统（GIS）等数字化系统中产生的电力相关数据。

（3）用电侧

如交易电价、售电量、用电客户等数据。主要包含在营销业务系统、95598 客户服务系统、电能量计量系统、用电信息采集系统等。

（4）企业侧

主要为人员信息、设备资产、财务资金、关键业务等涉及企业商业秘密的数据，主要来自协同办公系统、企业资源计划系统（Enterprise Resource Planning，ERP）、财务管控系统等。

1.2.2　数据应用全面

参照国家电网 2022 年发布的《新型电力系统数字技术支撑体系白皮书》，新型电力系统的数据主要聚焦在电、非电、碳三大类数据的采、传、存、用。

（1）电类数据

电类数据是指电力系统在发电、输电、配电和用电等各个环节所产生的电气量、电能量、控制量、状态量和事件量等数据。

（2）非电类数据

非电类数据主要包括与电力设备本体，以及和运行环境相关联的感知信息，可以通过传感器、摄像头等这些采集装置，来实现对非电类数据的采集获取。例如，国家电网通过建设物联管理平台系统，实现其他非电类的智慧感知管理和数据接入，通过企业级实时量测中心系统来汇聚各类非电类的感知数据，进一步为应用提供实时数据的共享和服务。

（3）碳类数据

碳类数据包括火电厂的碳计量数据、外部能源数据和用户用电数据等。为了更好地处理这些数据，需要将能源数据汇聚到一个统一的平台中，通过各个系统的协同连接，可实现碳相关数据的统一汇聚，以支撑相关碳数据的分析和业务的开展。

1.2.3　数据特征显著

电力行业数据贯穿"发、输、变、配、用"各大环节，涵盖各行各业和千家万户的数据资源，具备巨大的应用价值及发掘潜力。电力数据具备典型大数据的特征，具体包括以下几点。

（1）数据体量大

电力行业拥有海量的大数据，以用电数据为例，截至 2023 年，江苏省就有近五千万电力客户，对居民客户用电信息每小时采集一次数据，每次数据达十多项，一天仅居民用电数据就几十亿项。再例如，当通过各类传感器采集电力系统运行过程中的设备状态信息时，仅在涵盖主网设备情况下所产生的电力数据瞬时即可达到 TB 级的数量级。

（2）数据类型多

根据数据特征结构不同，电力系统所产生的数据覆盖了结构化、半结构化以及非结构化三类。以非结构化数据为例，包括各变电站大量的视频监控设备产生的视频数据、客服与客户沟通留下的语音数据、无人机巡检产生的图片数据和视频数据、办公系统流转过程中各种类型的电子文件等。

（3）处理速度快

以电力系统运行控制领域为例，要求在极短时间内对大量数据进行分析，以支持控制决策。例如，在出现电力故障和灾害的情况下，需要通过快速分析电力行业数据，迅速定位问题到具体的设备和位置，采取相应的应急措施，从而保证电力系统的安全和稳定。

与此同时，电力行业数据还具有一些行业特性，具体如下。

（1）电力行业数据的关联性

电力行业数据贯穿"源网荷储"及企业经营管理全环节，不仅能全面真实地反映电力系统的运行状态，还关联着上游电力生产商、电力设备供应商、电力技术提供商，关联着下游电力经销商、电力消费者、电器生产商，是上下游关联的各类主体运行的"风向标"，在服务经济社会发展、电力系统安全运行、企业经营管理和客户优质服务等方面具有广阔应用前景和价值潜力。

（2）电力行业数据的共生性

"发、输、变、配、用"各环节的电力数据环环相扣，各类数据呈现相互关联、依存共生的特性。横向可以打通业务壁垒，纵向可以贯通组织结构的数据管理战略，能挖掘数据更大的价值。

（3）电力行业数据的准确性

实时准确地采集、处理、分析数据是电力行业的重要特征，由于各环节自动化、信息化水平较高，用于数据采集、传输和应用的基础设施完备，各项业务处理时限已是"毫秒级"，所以其数据的准确性在采集、传输、存储和分析等各个环节中都需要得到保证，同时因为电力生产特殊的复杂性导致采集数据多种多样，如果电力行业数据不准确，造成设备故障，导致错误的负荷估计和容量规划，会影响电力供应的能力和可靠性。

（4）电力行业数据的关键性

电力事关国计民生，营销数据覆盖社会所有用户，涉及万千用户利益，并蕴含着大量有关用电行为的内在规律及其衍生信息。这些数据能够全面、真实地反映宏观经济运行情况、各产业发展状况、居民生活情况和消费结构等，对国家治理提供了非常有价值的应用。因此，这些数据一直被广泛认为是研判经济社会运行态势的重要指标。

1.3　做好电力行业数据安全保护为何重要

随着信息技术在电力行业经营管理中的广泛应用，信息安全问题越来越显得重要。同时，由于近年来电力行业对数据开放、融通、共享的需求与日俱增，使得电力行业数据安全建设的重要性也不断提高，尤其是电力系统中涉及的电力交易数据、用户用电信息数据、运行数据，威胁到电力系统安全、稳定、优质的运行，影响着电力系统信息化、数字化的进程，甚至威胁到社会民生、经济发展和国家安全。

（1）做好电力行业数据安全保护是保障社会发展和国家安全的需要

在数字经济时代，数据已然成为推动经济增长的核心力量，并且在 2020 年 4 月 9 日，中共中央、国务院印发的《关于构建更加完善的要素市场化配置体制机制的意见》一文中，将数据定义为"第五大生产要素"。电力行业数据是电力行业的命脉，更是座"金矿"，电力行业数据安全也成为事关国家安全与经济社会发展的重要考量因素。党的十八大以来，以习近平同志为核心的党中央统筹两个大局、统筹发展与安全，提出"四个革命、一个合作"能源安全新战略，推进能源消费革命、供给革命、技术革命、体制革命，推动我国能源生产和利用方式发生重大变革，能源生产和消费结构不断优化，切实增强能源安全保障能力。党的二十大报告也指出，要加强重点领域安全能力建设，确保粮食安全、能源安全等，尤其是能源安全作为国家总体安全观的重要组成部分，关系到经济社会发展全局性、战略性问题，对国家经济发展、人民生活改善、社会长治久安至关重要。

（2）做好电力行业数据安全保护是保障关键信息基础设施安全稳定运行的需要

党中央高度重视网络安全工作，就关键信息基础设施安全防护工作做出了一系列重大决策和部署。习近平总书记指出："金融、能源、电力、通信、交通等领域的关键信息基础设施是经济社会运行的神经中枢，是网络安全的重中之重，也是可能遭到重点攻击的目标。"电力行业数据安全是保障关键信息基础设施安全稳定运行的重要一环。首先，电力系统是国家的重要基础设施之一，承担着保障国家生产生活正常运转的任务。数字化技术的应用使得电力系统的运行更加智能化、自动化，但对电力行业数据的依赖也越来越高，因此确保电力行业数据安全成为保障国家能源安全和基础设施安全的关键环节。

当前，网络空间军备竞赛愈演愈烈，多国关键信息基础设施和重要信息系统遭受网络攻击。电力系统不仅是国家关键信息保护设施，还是国民经济中的支柱产业。金融、交通、航天航空、通信、供气、供水等领域的基础设施安全可靠平稳运行都离不开电力系统的稳定运行，而且电力关键信息基础设施一般具有分布广泛、交互性强、结构复杂等特点，这也直接导致风险点增多和接触面扩大，致使防护难度增大。特别是变电站、核电站、电力系统枢纽中心、大型水电站、火电设施等重要目标一旦发生数据安全事件，很可能会造成严重后果。所以电力系统一直以来也是大国之间网络安全博弈的焦点，也是今后"网络战"的重点攻击目标之一。电力系统对于维护国家网络空间主权和国家安全、保障经济社会健康发展、维护公共利益和公民合法权益具有重大意义。

（3）做好电力行业数据安全保护是保护个人隐私数据安全的需要

由于电力行业数据具有真实性高的特点，在新型电力系统数字化转型不断推进的当下，电力行业数据中积累了大量的敏感数据，如用户的姓名、身份证号、联系电话、家庭住址等常见的敏感数据，如果不加以控制，就会极易造成用户隐私数据的泄露问题。例如

2021 年 2 月，美国德克萨斯州的电力公司遭受网络攻击，超过 20 万客户的个人信息被攻击者窃取，攻击者非法获得了相关人员含信用卡信息、社保号在内的大量个人敏感数据，这起事件也再次提醒电力企业需要加强数据安全措施，以避免泄露用户个人隐私数据。

1.4　电力行业数据安全风险与挑战

随着能源互联网和新型电力系统的全面建设，电力行业大数据地理分布面更广、业务环境更加开放、数据采集点更多、数据类型更加多样、业务关联关系更繁杂、数据共享更加充分、数据的使用方式更加形式多样、数据使用者更加广泛，这一变化在给电力企业带来便利的同时，也给电力行业数据安全带来一些风险与挑战。

1.4.1　数据泄露危及国家安全

从外部的钓鱼攻击、蠕虫木马、勒索病毒等，再到内部的非授权访问、U 盘摆渡、邮件外发等行为，再到第三方的数据共享分发，都会导致电力行业敏感数据的泄露，造成巨大经济损失。如果对电力行业数据的采集、传输、存储、处理、使用过程中未实施有效的管控措施，那么就有可能造成海量电力行业敏感数据的泄露。例如，有些收集数据的本地收集终端还留存有原始收集的数据，缺乏对留存数据的安全保护机制；本地智能终端系统与后台服务器之间进行数据交换时，缺乏数据安全传输机制，采集系统缺乏身份验证机制、权限管理机制、加解密机制、完整性校验等安全机制，都会造成电力行业数据被泄露或破坏。一旦电力数据被篡改、泄露，将会对电力生产、电力调配、经营管理、用户服务等造成极大的影响。

尤其是随着人工智能、数据挖掘、机器学习等技术的发展与应用，大数据分析能力进一步提升。攻击者可以从电力系统产生的海量数据中提取敏感信息，甚至涉及企业核心利益及国家安全的信息也可以从海量数据中分析出来，给不法分子带来可乘之机。

例如，电力行业数据揭示了电力系统的运行状态，包含了许多关于电力系统运行状态的信息，如发电量、功率分配、负荷水平等，如果这些数据被泄露，可能会暴露电力系统的运行状态和性能状况，为潜在的攻击者提供攻击目标。电力系统的运行数据也可能揭示系统的弱点，如设备老化、电力输送瓶颈、保护系统的漏洞等，这些信息可能被用于定向攻击电力系统，进而引发大规模电力故障。另外，由于电力行业数据中包含了大量企业和用户的用电信息，一旦泄露可能被滥用以谋取经济利益，影响正常的经济活动，损害国家经济安全，如蓄意操纵电力市场导致电力市场混乱或进行电力诈骗等。

1.4.2　非法入侵导致电力系统服务中断

经济要发展，电力须先行。由于电力行业数据具有规模大、数据关键等特征，再加上电力作为国家关键基础设施，很容易成为攻击者的目标。电力系统的运行依赖于精确且可靠的控制指令，这些控制指令决定了电站的发电量、输电线路的运行状态以及分布式电网的功率平衡。非法入侵者可能会通过网络篡改这些控制指令，使电力系统偏离其正常运行状态，甚至触发安全保护机制导致系统瘫痪。例如，在火电机组遥控自动化系统内发布机组应急停止等停机命令，造成机组停运及用户断电；或者是通过入侵变电设备（如开关的远程终端），篡改设备的遥控操作指令，引起设备的误动作（如开关误合闸），造成电力系统短路、跳闸、用户停电等后果。

一旦控制指令被篡改，电力系统可能无法维持稳定的电力供应，导致服务中断。例如，如果控制指令被修改以减少某个电厂的发电量，可能会导致电力供应短缺，进而导致大规模停电。在极端情况下，非法入侵者可能会导致整个电力系统瘫痪。例如，通过篡改控制指令导致电力系统的关键设备，如变压器或电源线路，超过其安全运行极限，从而引发设备故障或火灾，导致电力系统瘫痪。

近年来，以电力为核心的关键基础设施领域多次成为网络战的攻击靶心，各类非法入侵频繁导致电力系统相关服务直接或间接的中断。例如，2019 年 3 月，委内瑞拉全国 23 个州中的 21 个州发生了大范围停电事件，造成了该国家自 2012 年以来停电时间最长、影响地区最广的"停电史"；2020 年 5 月，委内瑞拉国家电网的 765 干线遭到网络攻击，造成全国大面积停电；2020 年 6 月，印度查谟和克什米尔电力部门的数据中心服务器遭受恶意网络攻击，不仅导致该部门连续 3 天无法正常运作，其网站与移动应用也被一并攻陷；2020 年 9 月，巴基斯坦最大的电力供应商 K-Electric 遭受了 Netwalker 勒索软件攻击，攻击者窃取了未加密的文件，攻击导致计费和在线服务中断；2020 年 10 月，印度孟买市遭遇前所未有的大范围断电，影响到该市数百万人的通勤与正常生活，孟买全城停电近一天，直接导致铁路运营瘫痪，股票交易所、医疗设施以及其他关键基础设施全面遭遇风险；2022 年 3 月，德国风电整机制造商巨头 Enercon 遭受网络攻击，导致欧洲卫星通信大规模中断，直接影响了中欧和东欧近 6000 台、装机容量总计 11GW 的风力发电机组失去远程控制。

1.4.3　数据滥用带来违法与犯罪风险

随着我国数据安全领域法律法规、政策文件的颁布与实施，数据法治受到重点关注，数据面临的风险越来越多，电力企业面对的合规压力也不断增大。

近年来，我国数字经济不断发展，数据产业规模快速增长，数据的动态利用也逐渐走向常态化和多元化，数据在不断共享和交易等过程中凸显出了价值，但是也引发了数据保护、合规使用等一系列问题。数据安全已引起国家和社会的高度关注，国家层面先后颁布了《中华人民共和国网络安全法》《中华人民共和国数据安全法》《中华人民共和国个人信息保护法》三大基本法律，为我国数据安全领域治理工作筑牢基础，网信办等相关监管部门也出台了《数据安全管理办法》《关键信息基础设施安全保护条例》《个人信息出境安全评估办法》等相关政策文件，进一步明晰了数据安全领域的细化要求。

法律法规政策的不断收紧，意味着电力企业需要严格遵守相关法规，否则将面临着严厉处罚。对于不遵守法律法规或者酿成重大数据泄露事故的相关企业会给予暂停相关业务、停业整顿、吊销相关业务许可证或者吊销营业执照等处理，另外构成违法犯罪的，将依法追究刑事责任；同时，对于相关企业责任人会带来轻则罚款处理，重则给予处分、有期徒刑等处罚。

在数字经济时代，对于电力企业来说，数据是其重要的核心竞争力，数据合规是其生存发展的基石。电力企业需要在数据标准、数据分类、数据采集、数据传输、数据存储、数据处理、数据交换、数据销毁等方面做到数据合规，其目的也是要合法合规地来引导数据资产实现价值变现。因此，对于电力企业来讲，数据合规最关键、最重要的两点在于：一是要求数据应用符合法律法规的规定与要求，二是数据应用不得侵犯他人的合法权益。

1.4.4　数字化技术蕴含新的安全风险

在"数字新基建"加快发展的背景下，尤其是"云大物移智链"等先进数字信息化技术在新型电力系统各大环节的广泛应用，电力领域逐步呈现数字化、智能化、网络化，电力大数据业务快速发展，电力企业数据开放程度进一步加大。其中的云计算、大数据、电力物联网、边缘计算等先进数字化技术手段，让电力系统拥有海量大数据分析处理能力，大数据已然成为电力企业的核心资产和生产要素，同时这些数字化技术也给电力行业带来了一些新的问题与挑战。

（1）电力物联网本身的安全风险。随着电力行业信息化建设的持续推进，电力物联网将电力用户与设备、发电企业与设备、电力企业与设备、供应商与设备、电力客户与设备，以及人和物互相连接起来，所有信息资源融通共享，共同打造共享、开放的平台。但是，在采集各类数据的过程中就会导致接入物联网的设备数量及类型（如智能发电系统、智能电力调度系统、智能配电网、智能变电站、智能电能表、智能交互终端、智能家电等）以几何倍数增长，随之而来的漏洞也不断增加，病毒传播等攻击呈上升态势，网络边界不断扩大，如何实现"人与物"、"人与网"、"物与物"的安全交互也将成为一大难题。

系统访问权限设置不恰当、网络准入控制不严格、运维检修不规范等都会引发数据安全事件。另外，采用了物联网技术以后，无线传输信号、数据等也将比以往更容易遭受拦截、篡改、伪造、破坏等攻击行为，这样一来，数据防线也将被穿破，极易造成信息误传、丢失、泄露等。同时，大数据技术在电力领域的应用日趋成熟与完善，在这一过程中产生和集聚了类型多样、应用价值不断提升的海量电力行业数据，这些数据成为电力企业发展的关键生产要素。与此同时，由于数据安全规范化、集中化与标准化管理的缺失，由此导致的个人隐私数据泄露等数据安全问题也将日益凸显。

（2）人工智能技术的安全风险。人工智能技术在电力系统发、输、变、配、用全环节均有应用，如发电功率预测、变输电设备异常与故障智能诊断及状态评估、变电站设备智能巡检、基于知识图谱的客服智能问答、用户用电行为分析、系统主动安全防御等，提高了电力行业的生产与工作效率，提升了电力企业的服务质量，节省了人力资源成本，但是也给电力数据安全带来了一定的隐患。一是由于数据异常或者错误，在计算时导致智能决策系统异常；二是攻击者有可能窃取算法模型，并再对训练模型的数据进行逆向还原，窃取访问权限以外的数据；三是针对部分开源的学习框架，可能存在安全风险，将会导致系统数据泄露；四是人工智能技术在应用过程中，针对个人数据存在过度采集的问题，容易产生隐私泄露风险；五是如果滥用对数据进行深度挖掘和分析产生的数据，会给国家和社会的安全带来较大的威胁。

（3）5G、区块链等技术的快速更新给安全监管带来新风险。通过大量的应用建立起一个全新、高效的网络，但是这种节点多、结构复杂的连接，往往呈现出更多的脆弱性、不可靠性，数据的维度与广度迅速扩展，成为数字化过程中的一大突出风险，数据安全防护不到位，容易导致大规模数据泄露事件的发生。

1.4.5　数据全生命周期管理不足引发短板效应

"三分技术，七分管理"是网络安全领域内的普适原则。举个例子，为了安全，家家户户都会选择安装"门"，门是技术，而锁门是管理策略。买了门，安装了门，不锁门，则门形同虚设，只有锁了门才会安全。电力行业需要建立完善的数据安全管理机制，并采取技术手段保障数据安全，降低数据安全风险。同时，也需要建立责任追溯机制和信息保护制度。此外，网络安全管理源于方方面面，管理制度的建立、关键岗位人员的培训、员工安全意识等，都会导致安全风险的发生。电力系统大数据时代，数据暴露越多，安全风险越大；数据处理环节越长，安全风险点就多。电力系统的数据安全全生命周期涉及发、输、变、配、用各个环节，覆盖数据采集、传输、处理、存储、交易、提供等多个步骤，任何一个细小的失误都会造成安全隐患的发生，都将成为网络安全的短板所在。

1.5 本章小结

本章以电力系统为切入点，主要讲解了什么是传统电力系统、什么是新型电力系统以及二者的区别。怎样保证数据有效应用之前的数据安全值得我们思考，有针对性地制定各阶段安全防护策略，确保数据资源安全，以免对个人或企业造成严重损失，可以说保障数据安全，刻不容缓。

当网络中传递的不仅是电能，还包含着各类重要的电力行业数据时，我们需要多方通力合作并积极探索如何保障电力行业数据的安全。电力行业应与国家网络安全权威机构、网络安全厂商一道，从顶层设计、防护技术和管理体系等方面出发，强化电力行业数据的安全与保护，为建设安全、高效、清洁的现代化新型电力系统提供有力保障。

【铸范】即铸模。《历史研究》中叙述："春秋末期，又发明了'高温液体还原法'和金属型铸范。"铸模是将塑型转变为实体的过程，更是为批量化生产提供了规范。而在网络安全世界里，政策法规标准为各行各业制定了行为规范。

Chapter 2 | 第二章 |

铸范：电力行业数据安全政策法规

相信你会有这样的经历：在某培训机构试听过一次课，就会收到课程推荐信息；找中介看过一次房，就会不断收到房地产推销信息；在购物软件上购买了某个产品，伪装成卖家的诈骗分子会找上门来等。随着大数据时代的到来，信息也成为买卖的商品。网络在为生活带来便利的同时，也带来了个人信息的泄露、非法买卖等问题。

2022 年，国家安全机关披露了一起典型的境外组织网络攻击案件，该组织特别瞄准我国关键信息基础设施领域，试图窃取机密信息。据公开信息得知，自 2020 年以来，我国多家电信运营商、航空公司的内部网络系统遭受过网络攻击，导致部分敏感数据被窃取并流失到境外，相关攻击活动是由某境外间谍情报机关精心策划、秘密实施的。该组织借助全球多地的网络资源和先进网络武器，试图实现对我国关键信息基础设施的战略控制，给公共数据、公共通信网络等领域带来巨大威胁。

数据安全关乎国家安全，为保护公民的个人信息安全，规范关键信息基础设施建设及运营，加强数据安全的管理与防护，党中央出台了一系列政策法规。电力企业作为关键信息基础设施的主要运营者拥有着海量且多样的数据（如各变电站大量的视频监控设备产生的视频数据、客服与客户沟通留下的语音数据、用电客户的个人信息等），应熟悉国家的数据安全政策法规及行业要求并在工作中严格遵守，担负起保障国家数据安全的重要责任。本章主要结合电力行业对数据安全相关的法律法规和行业政策进行解读，分别介绍了 8 个与电力行业紧密相关的数据安全法律法规以及 8 项与电力行业相关的重要数据安全政策文件。

2.1 电力行业数据安全相关法律法规解读

正如我们在第一章中所讨论的，电力行业面临着前所未有的数据安全挑战，一旦数据安全出现问题，可能会导致电力设施的正常运行受到影响，对全社会甚至国家的经济安全和社会稳定产生严重影响。在这样的背景下，我国政府高度重视数据安全，并出台了一系列相关法律法规。这些法律法规反映了国家对于数据安全工作的高度重视，为电力行业在数据安全保护、应对网络攻击、防止数据泄露等方面提供了法律依据和行动指南。

我们将在本部分详细解读 8 个相关法律法规，分别是《中华人民共和国网络安全法》《中华人民共和国数据安全法》《中华人民共和国密码法》《中华人民共和国个人信息保护法》《最高人民法院、最高人民检察院关于办理侵犯公民个人信息刑事案件适用法律若干问题的解释》《网络安全审查办法》《信息安全技术—网络安全等级保护基本要求》以及《关键信息基础设施安全保护条例》。这些法律法规分别从不同的角度对数据安全进行了深入的规定，为我们理解和应对电力行业的数据安全风险提供了重要的法律依据和指导。接下来，笔者将从电力行业角度逐一解析法律法规中与数据安全相关的重点条款，帮助电力企业更好地理解和应对数据安全挑战。

2.1.1 《中华人民共和国网络安全法》

1. 内容简介

《中华人民共和国网络安全法》（以下简称《网络安全法》）于 2017 年 6 月 1 日起施行。《网络安全法》作为我国第一部全面规范网络空间安全管理的基础性法律，对数据安全保护工作具有重大意义。《网络安全法》明确规定了网络运营者的责任，如系统维护、数据备份和加密等，将数据保护视为法律责任，增强了企业对此的重视；规范了数据的收集、处理、存储、使用和传输等行为，为数据保护提供操作指南，降低数据泄露和滥用风险；同时，强调要保护公民个人信息，维护其合法权益，有助于增强公众对数据保护工作的认同感和信任感；还对关键信息基础设施的保护和数据出境进行规定，旨在维护国家安全和应对全球化带来的数据安全挑战。总之，《网络安全法》为后续一系列的数据安全法律法规奠定了基础，推动了整个社会对数据保护的重视。

《网络安全法》的整体概览如图 2-1 所示。

2. 重点条文及解读

笔者针对《网络安全法》中关键条款进行的解读，如下所示。

（1）第二十一条：国家实行网络安全等级保护制度。网络运营者应当按照网络安全等级保护制度的要求，履行下列安全保护义务，保障网络免受干扰、破坏或者未经授权的访问，防止网络数据泄露或者被窃取、篡改：

（一）制定内部安全管理制度和操作规程，确定网络安全负责人，落实网络安全保护责任；

（二）采取防范计算机病毒和网络攻击、网络侵入等危害网络安全行为的技术措施；

（三）采取监测、记录网络运行状态、网络安全事件的技术措施，并按照规定留存相关的网络日志不少于六个月；

（四）采取数据分类、重要数据备份和加密等措施；

（五）法律、行政法规规定的其他义务。

《网络安全法》概览

公民、法人和其他组织	
如何正确使用网络	其他的注意事项
(1) 不能危害网络安全 (2) 不能为危害网络安全的活动提供工具及帮助	(1) 享有使用网络的权利
(3) 不能危害国家安全、荣誉和利益 (4) 不能煽动颠覆国家政权、推翻社会主义制度	(2) 享有安全便利的网络服务
(5) 不能煽动分裂国家、破坏国家统一 (6) 不能宣扬恐怖主义、极端主义	(3) 对危害网络安全的行为可以举报
(7) 不能宣扬民族仇恨、民族歧视 (8) 不能传播暴力、淫秽色情信息	(4) 国家保障网络信息依法有序流动
(9) 不能编造、传播虚假信息，扰乱经济秩序和社会秩序 (10) 不能侵害他人名誉、隐私、知识产权	(5) 国家为未成年人提供安全、健康的网络环境

如何遵守《网络安全法》	
网络运营者	网络产品、服务提供者
(1) 履行网络安全保护义务，接受政府和社会的监督 (2) 按照网络安全等级保护制度的要求，保障网络免受干扰、破坏，防止数据泄露	(1) 网络产品、服务要符合国家标准的强制性要求
(3) 签订协议或确认提供服务应要求用户实名制 (4) 建立健全用户信息保护制度，严禁信息泄露	(2) 决不能设置恶意程序 (3) 发现缺陷、漏洞，立即补救，及时告知用户并向主管部门报告
(5) 建立网络信息安全投诉、举报制度并及时处理 (6) 为公安机关、国家安全机关依法维护国家安全和侦查犯罪的活动提供支持和协助	(4) 为产品、服务持续提供安全维护 (5) 若网络产品、服务具有收集用户信息的功能，应向用户明示并征得同意
(7) 配合网信等部门的监督检查 (8) 制定应急预案，及时处置风险；发生危害后，及时采取补救措施，向主管部门报告	(6) 遵守《网络安全法》和有关法律法规关于个人信息保护的规定

为了维护网络安全，政府部门做了些什么？	
• 国家网信部门	统筹协调网络安全工作和相关监督管理工作
• 国家电信主管部门 • 公安部门 • 其他有关机关	在职责范围内负责网络安全保护和监督管理工作
• 县级以上地方人民政府有关部门	按国家规定确定网络安全保护和监督管理职责
• 国务院和省、自治区、直辖市人民政府	(1) 扶持重点网络安全技术产业和项目 (2) 支持网络安全技术的开发和应用 (3) 推广安全可信的网络产品和服务 (4) 保护网络技术和知识产权 (5) 支持企业、研究机构和高等学校参与国家网络安全技术创新项目
• 省级以上政府有关部门	(1) 网络安全事件发生的风险增大时，做好监测、预测，并向社会发布 (2) 发现网络存在较大安全风险或发生安全事件，可约谈该网络运营者
• 各级人民政府及其有关部门	组织开展经常性的网络安全宣传教育

关键基础设施运营者在安全保障方面的特殊要求	
人	• 设置专门的管理机构和负责人 • 对负责人和关键岗位人员进行安全背景审查 • 定期对从业人员进行教育培训和技能考核
系统	• 对重要系统和数据库进行容灾备份 • 制定应急预案并定期组织演练
评估	• 每年至少进行一次安全性检测评估 • 报送相关主管部门
供应链	• 采购可能影响国家安全的网络产品和服务应当通过国家安全审查 • 采购双方签订安全保密协议
数据留存传输	• 将运营中收集和产生的公民个人信息和重要业务数据存储在我国境内 • 因业务需要，确需向境外提供的，应进行安全评估

图 2-1 《网络安全法》整体概览

解读：针对电力行业数据安全，根据网络安全等级保护制度的规定，电力企业应按照网络安全等级保护制度的要求，承担安全保护义务，建立和完善网络安全防护系统、采取数据加密、备份和追溯等技术手段，确保网络免受干扰、破坏或未经授权的访问，防止数据泄露或者被窃取、篡改，保障网络和数据的安全性和保密性。

（2）第三十七条：关键信息基础设施的运营者在中华人民共和国境内运营中收集和产生的个人信息和重要数据应当在境内存储。因业务需要，确需向境外提供的，应当按照国家网信部门会同国务院有关部门制定的办法进行安全评估；法律、行政法规另有规定的，依照其规定。

解读：电力企业如在运营过程中涉及个人信息和重要数据时需遵照本条款要求对相关数据进行本地化存储。数据本地化可分为两种：一种是绝对意义上的本地化，即数据是不允许流到境外的，只能在本国境内存储，如我国对互联网地图数据、人口健康数据的存储，属于绝对意义上的本地化；另一种是相对意义上的本地化，即所有数据必须在本国境内进行备份，在经过安全评估满足一定条件之后方可流到境外。

（3）第四十条：网络运营者应当对其收集的用户信息严格保密，并建立健全用户信息保护制度。

解读：电力企业应当承担用户信息保护的责任，加强数据管理和保护，建立专门的安全保护机构或岗位，加强员工安全教育，提高员工的安全意识和技能，明确用户信息的收集、使用、存储和处理规范，负责监督和管理用户信息的各个环节，防范用户信息被滥用或泄露。

（4）第四十二条：网络运营者不得泄露、篡改、毁损其收集的个人信息；未经被收集者同意，不得向他人提供个人信息。但是，经过处理无法识别特定个人且不能复原的除外。

网络运营者应当采取技术措施和其他必要措施，确保其收集的个人信息安全，防止信息泄露、毁损、丢失。在发生或者可能发生个人信息泄露、毁损、丢失的情况时，应当立即采取补救措施，按照规定及时告知用户并向有关主管部门报告。

解读：电力企业在收集用户信息时，应明确告知用户信息的使用目的和范围，经过用户同意后才能处理和使用用户信息。在某些情况下，个人信息经过处理后已经无法识别特定个人且不能复原，这种情况下可以例外处理。例如，在数据匿名化处理后，用于统计分析等用途。

3. 案例分析

案例：某网络公司开发了"种某地 App"，向用户提供农业技术信息。网络安全部门通过检查发现，该 App 在未向用户明示的情况下获取了手机精准定位、写入外置存储器、拍摄、读取通信录等 9 项权限，并收集相关用户信息。又通过调取 App 客户端与服务器端交互数据发现，该 App 在未向用户明示的情况已经采集了约 13 万人的身份证号码、手机号、位置、IMEI 号等个人信息。针对该网络公司超范围收集公民个人信息的违法行为，网络安全部门依据《网络安全法》第四十一条、第六十四条对其做出罚款 10000 元的行政处罚。

分析：收集公民个人信息，必须事先取得当事人同意，没有提示风险，在未征得居民同意情况下收集个人信息数据，属于非法获取，涉嫌"侵犯公民个人信息罪"。

2.1.2 《中华人民共和国数据安全法》

1. 内容简介

《中华人民共和国数据安全法》（以下简称《数据安全法》）是我国首部专门针对数据安全进行立法的法律，于 2021 年 9 月 1 日起施行，提出了数据分类分级管理、数据安全风险评估、监测预警、应急处置、数据安全审查等基本制度，明确了相关主体的数据安全保护义务。《数据安全法》具体规定了数据活动的各个环节以及数据安全的保障措施，对电力行业的数据安全保护工作提供了明确的法律依据和指引，其实施有助于保护电力行业的重要数据不受侵犯。

《数据安全法》的七大亮点如图 2-2 所示。

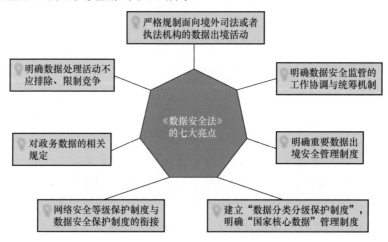

图 2-2 《数据安全法》的七大亮点

2. 重点条文及解读

笔者针对《数据安全法》的关键条款进行的解读，如下所示。

（1）第三条：本法所称数据，是指任何以电子或者其他方式对信息的记录。数据处理，包括数据的收集、存储、使用、加工、传输、提供、公开等。数据安全，是指通过采取必要措施，确保数据处于有效保护和合法利用的状态，以及具备保障持续安全状态的能力。

解读：数据从形态而言有电子的（通过电子设备表达的一种形式）、非电子的（如记录在纸、触觉、嗅觉、听觉、视觉所识别到能够表示事物形态的内容）。

为电力行业数据安全制定必要措施的目的是确保数据的有效、合法的利用及连续性保障，综合而言可以概述为数据的保密性、完整性、可用性及可靠性原则的具体体现。电力企业应结合数据本身的相关特性与电力行业的具体业务场景，开展数据保护相关工作。

（2）第二十一条：国家建立数据分类分级保护制度，根据数据在经济社会发展中的重要程度，以及一旦遭到篡改、破坏、泄露或者非法获取、非法利用，对国家安全、公共利益或者个人、组织合法权益造成的危害程度，对数据实行分类分级保护。国家数据安全工作协调机制统筹协调有关部门制定重要数据目录，加强对重要数据的保护。关系国家安全、国民经济命脉、重要民生、重大公共利益等数据属于国家核心数据，实行更加严格的管理制度。各地区、各部门应当按照数据分类分级保护制度，确定本地区、本部门以及相关行业、领域的重要数据具体目录，对列入目录的数据进行重点保护。

解读：电力行业应在数据安全法的规制下分析本行业业务数据特征，制定数据分级分类标准和准则，并依据数据重要性程度建立数据资产清单，针对重要数据实施重点保护。

（3）第二十三条：国家建立数据安全应急处置机制。发生数据安全事件，有关主管部门应当依法启动应急预案，采取相应的应急处置措施，防止危害扩大，消除安全隐患，并及时向社会发布与公众有关的警示信息。

解读：应急处置的好坏，会较大程度地影响数据安全事件所造成的后果。电力企业应根据国家要求和行业特性，建立本单位电力数据安全应急处置机制。一旦发生电力数据安全事件，电力企业应及时启动应急预案并采取相应的处置措施，并及时向公众发布与之有关的警示信息，减少数据泄露事件造成的损失和危害。

（4）第二十七条：开展数据处理活动应当依照法律、法规的规定，建立健全全流程数据安全管理制度，组织开展数据安全教育培训，采取相应的技术措施和其他必要措施，保障数据安全。利用互联网等信息网络开展数据处理活动，应当在网络安全等级保护制度的基础上，履行上述数据安全保护义务。重要数据的处理者应当明确数据安全负责人和管理机构，落实数据安全保护责任。

解读：电力行业应建立全流程数据安全管理制度，结合第三条对于"数据处理活动"的定义，覆盖数据收集、存储、加工、使用、提供、交易、公开等流程。

（5）第二十九条：开展数据处理活动应当加强风险监测，发现数据安全缺陷、漏洞等风险时，应当立即采取补救措施；发生数据安全事件时，应当立即采取处置措施，按照规定及时告知用户并向有关主管部门报告。

解读：如果发生与电力行业相关的数据安全事件，相关企业应及时通过公告、站内信等方式告知用户，第一时间向上级有关主管部门报告。

3．案例分析

案例：某科技有限公司在为政府部门开发运维信息管理系统的过程中，在未经建设单位允许的情况下，将建设单位采集的敏感业务数据擅自上传到该公司租用的公有云服务器上，并且未采取相应的数据安全保护措施，导致发生严重的数据泄露。当地公安机关根据《数据安全法》第二十七条的规定，对该企业及项目主管人员、直接责任人员分别做出罚款 100 万元、8 万元、6 万元的行政处罚。针对建设单位失管失察、数据安全保护职责履行不到位的情况，当地纪委对建设单位主要负责人在内的相关人员进行批评教育、诚勉谈话和政务立案调查等追究问责决定。

分析：对于任何涉及数据处理的活动，都必须严格遵守《数据安全法》的规定，保护好数据的安全，否则将面临法律的严惩。同时，所有参与数据处理的各方，包括数据的提供者、处理者等，都需要履行好自己的职责，共同维护数据的安全。

2.1.3 《中华人民共和国密码法》

1. 内容简介

《中华人民共和国密码法》（以下简称《密码法》）自 2020 年 1 月 1 日起施行。《密码法》规范了密码应用和管理，促进密码事业发展，保障网络与信息安全，维护国家安全和社会公共利益，保护公民、法人和其他组织的合法权益。电力数据使用数据加密技术来保护电力数据的安全性，保持电力数据的完整性，保护数据隐私以及保障电力数据在跨设备传输的安全性。因此，密码对保护数据安全具有重要意义，保护密码的安全是保障数据安全的基础。

2. 重点条文及解读

笔者选取《密码法》中与关键信息基础设施相关的重点条文解读如下。

第二十六条：涉及国家安全、国计民生、社会公共利益的商用密码产品，应当依法列入网络关键设备和网络安全专用产品目录，由具备资格的机构检测认证合格后，方可销售或者提供。商用密码产品检测认证适用《中华人民共和国网络安全法》的有关规定，避免重复检测认证。

商用密码服务使用网络关键设备和网络安全专用产品的，应当经商用密码认证机构对该商用密码服务认证合格。

解读：本条强调了商用密码产品和服务的重要性，电力行业属于涉及国计民生和社会公共利益重要领域，因此电力企业购买的密码必须符合相关法律法规的要求，且被列入网络关键设备和网络安全专用产品目录的密码，通过这些严格的检测和认证程序的密码，才可确保商用密码产品和服务的质量和安全性，保护国家和人民的利益。

2.1.4 《中华人民共和国个人信息保护法》

1. 内容简介

《中华人民共和国个人信息保护法》（以下简称《个人信息保护法》）于 2021 年 11 月

1 日起施行，规定了对个人信息的收集、存储、使用、共享、转让以及公开披露等行为的严格要求和限制，为个人信息的安全保护提供了法律依据。《个人信息保护法》的出台对加强个人信息保护法制保障、维护网络空间良好生态、促进数字经济健康发展有重要作用。对于电力行业来说，这部法律具有重要的指导意义。电力行业在其运营过程中需要收集和处理大量的用户信息，这些信息属于《个人信息保护法》所保护的范围。因此，电力行业必须遵循这部法律的要求，合法、正当、必要地收集和使用用户信息，对用户信息采取必要的安全保护措施，防止用户信息的泄露、丢失或者被滥用。

《个人信息保护法》的十大亮点如图 2-3 所示。

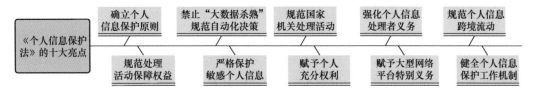

图 2-3　《个人信息保护法》的十大亮点

2．重点条文及解读

针对《个人信息保护法》中关键条款进行的解读如下。

（1）第二十八条：敏感个人信息一旦泄露或者非法使用，容易导致自然人的人格尊严受到侵害或者人身、财产安全受到危害的个人信息，包括生物识别、宗教信仰、特定身份、医疗健康、金融账户、行踪轨迹等信息，以及不满十四周岁未成年人的个人信息。

只有在具有特定的目的和充分的必要性，并采取严格保护措施的情形下，个人信息处理者方可处理敏感个人信息。

解读：针对电力行业，各企业、各单位未经允许不可处理敏感个人数据，如有必要，应确保敏感个人数据不被泄露或者非法使用。

（2）第四十条：关键信息基础设施运营者和处理个人信息达到国家网信部门规定数量的个人信息处理者，应当将在中华人民共和国境内收集和产生的个人信息存储在境内。确需向境外提供的，应当通过国家网信部门组织的安全评估；法律、行政法规和国家网信部门规定可以不进行安全评估的，从其规定。

解读：电力行业作为国家关键信息基础行业，数据安全关系重大。相关企业需将重要数据存储在境内，保证数据本地化，实现数据安全可控，维护国家数据主权。当电力企业在与其他企业或组织共享数据、向境外传输数据或利用数据进行自动化决策时，需进行个人信息保护影响评估，以确保采取适当的保护措施，防止信息泄露和滥用。

（3）第五十一条：个人信息处理者应当根据个人信息的处理目的、处理方式、个人信息的种类以及对个人权益的影响、可能存在的安全风险等，采取下列措施确保个人信息处理活动符合法律、行政法规的规定，并防止未经授权的访问以及个人信息泄露、篡改、丢失：

（一）制定内部管理制度和操作规程；

（二）对个人信息实行分类管理；

（三）采取相应的加密、去标识化等安全技术措施；

（四）合理确定个人信息处理的操作权限，并定期对从业人员进行安全教育和培训；

（五）制定并组织实施个人信息安全事件应急预案；

（六）法律、行政法规规定的其他措施。

解读：在电力系统的应用中，可能涉及用户用电量、费用、地址等个人信息，为确保处理活动合法、合规，并防止未经授权的访问以及个人信息泄露、篡改和丢失。电力企业应建立和完善内部管理制度，明确数据的收集、处理、存储和销毁的相关规定，以及责任分配和处理流程。根据个人信息的敏感性和重要性进行分类管理，为不同类别的信息设置不同级别的保护措施。在收集、传输和存储个人信息时，采用加密技术进行保护，避免未经授权的访问。同时，通过去标识化处理降低个人信息泄露的风险。

3. 案例分析

案例：2021 年 7 月 2 日，国家网信办宣布依据《国家安全法》《网络安全法》，按照《网络安全审查办法》对某公司实施网络安全审查，审查期间该公司 App 停止新用户注册；7 月 4 日，国家网信办因"严重违法违规收集使用个人信息问题"对该公司 App 进行强制下架；2022 年 7 月 21 日，国家网信办发布该案件处罚结果，依据《网络安全法》《数据安全法》《个人信息保护法》《行政处罚法》等法律法规，对该公司处人民币 80.26 亿元罚款，对其董事长兼 CEO、总裁各处人民币 100 万元罚款。

分析：滴滴全球股份有限公司违法行为给国家网络安全、数据安全带来严重的风险隐患，且在监管部门责令改正情况下，仍未进行全面深入整改，性质极为恶劣。其相关违法行为最早开始于 2015 年 6 月持续至今，时间长达 7 年，并持续违反 2017 年 6 月实施的《网络安全法》、2021 年 9 月实施的《数据安全法》和 2021 年 11 月实施的《个人信息保护法》。其通过违法手段收集用户剪切板信息、相册中的截图信息、亲情关系信息等个人信息，严重侵犯用户隐私，严重侵害用户个人信息权益。

2.1.5 《最高人民法院、最高人民检察院关于办理侵犯公民个人信息刑事案件适用法律若干问题的解释》

1. 内容简介

《最高人民法院、最高人民检察院关于办理侵犯公民个人信息刑事案件适用法律若干问题的解释》（以下简称《解释》）是中国最高级别的司法机关出台的关于如何处理侵犯公民个人信息犯罪的法律解释，于 2017 年 6 月 1 日起施行。《解释》根据法律规定和立法精神，对侵犯公民个人信息犯罪的定罪量刑标准和有关法律适用问题做了全面、系统的规定。电力企业在其运营过程中需要收集、处理和存储大量用户个人信息。《解释》的发布使电力企业更明确了其在处理个人信息方面的法律责任和义务，有助于引导电力企业合法、规范地处理个人信息，防止侵犯用户的个人信息权益。

《解释》的总体概览如图 2-4 所示。

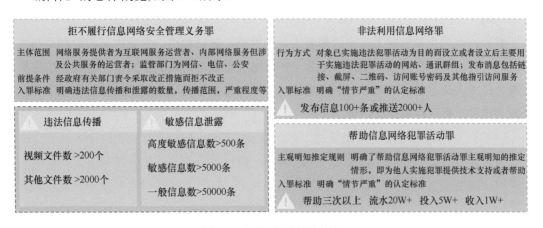

图 2-4 《解释》的总体概览

2．重点条文及解读

笔者对《解释》中关键条款进行解读。

（1）第三条：向特定人提供公民个人信息，以及通过信息网络或者其他途径发布公民个人信息的，应当认定为刑法第二百五十三条之一规定的"提供公民个人信息"。未经被收集者同意，将合法收集的公民个人信息向他人提供的，属于刑法第二百五十三条之一规定的"提供公民个人信息"，但是经过处理无法识别特定个人且不能复原的除外。

解读：我国《网络安全法》以及《电信和互联网用户个人信息保护规定》（工业和信息化部令第 24 号）等有关保护个人信息的专门规定均明确要求收集、使用个人信息必须经被收集者"知情和同意"。未经允许向他人出售或者提供公民个人信息，情节严重的，处三年以下有期徒刑或者拘役，并处或者单处罚金；情节特别严重的，处三年以上七年以下有期徒刑，并处罚金。

（2）第四条：违反国家有关规定，通过购买、收受、交换等方式获取公民个人信息，或者在履行职责、提供服务过程中收集公民个人信息的，属于刑法第二百五十三条之一第三款规定的"以其他方法非法获取公民个人信息"。

解读：本条明确了"非法获取公民个人信息"的认定标准，以《网络安全法》第四十一条规定的网络运营者收集使用个人信息需遵循法律法规且经过被收集者同意为基础，该条款明确指出，违反国家相关规定，在履行职责和提供服务的过程中收集公民个人信息的行为被认定为"非法获取公民个人信息"。对于情节严重的情况，将被处以三年以下有期徒刑或拘役，并可能被处以罚金；对于情节特别严重的情况，将被处以三年以上七年以下有期徒刑，并可能被处以罚金。

（3）第八条：设立用于实施非法获取、出售或者提供公民个人信息违法犯罪活动的网站、通讯群组，情节严重的，应当依照刑法第二百八十七条之一的规定，以非法利用信息网络罪定罪处罚；同时构成侵犯公民个人信息罪的，依照侵犯公民个人信息罪定罪处罚。

解读：电力企业日常工作中管理着大量的网站、通讯群组，企业内部应对网站与通讯群组的内容进行严格审查，谨防不法分子在网站或群组中对公民个人信息进行非法交易，造成公民个人信息泄露。对于情节严重的情况，将根据相关法律规定处以三年以下有期徒刑或者拘役，并可能被处以罚金。

（4）第九条：网络服务提供者拒不履行法律、行政法规规定的信息网络安全管理义务，经监管部门责令采取改正措施而拒不改正，致使用户的公民个人信息泄露，造成严重后果的，应当依照刑法第二百八十六条之一的规定，以拒不履行信息网络安全管理义务罪定罪处罚。

解读：《网络安全法》明确了网络信息安全的责任主体，确立了"谁收集，谁负责"的原则，将收集和使用个人信息的网络运营者，设定为个人信息保护的责任主体。《网络安全法》第四十条明确规定："网络运营者应当对其收集的用户信息严格保密，并建立健全用户信息保护制度。"与之衔接，《刑法修正案（九）》设立了拒不履行信息网络安全管理义务罪。对于电力企业未切实落实个人信息保护措施，符合刑法第二百八十六条之一规定的，可能构成拒不履行信息网络安全管理义务罪。

3. 案例分析

案例：2019年9月12日某公司因涉嫌侵犯公民个人信息罪被刑事立案，其公司相关高管被采取刑事强制措施。该公司利用国企身份，收集用户个人信息、喜好等带有敏感性的数据，超出约定使用用户信息，例如用户协议上说只是分析用户行为，帮助提高产品体验，结果变成了出售用户画像数据，将用户数据作为商业目的进行分析收集。

分析：对于侵犯公民个人信息罪的罚金数额，《解释》第十二条明确规定，"一般在违法所得的一倍以上五倍以下"，这意味着，电力企业一旦触犯此项，所退赔的违法所得和罚金的总额，至少为违法产品营业收入的两倍。企业应当审视自身爬虫相关业务的商业模式存在的违法可能，关系到用户个人敏感信息，一旦被盗取或滥用，很可能流入非法金融借贷团伙手中，极易引发黑灰产风险。

2.1.6 《网络安全审查办法》

1. 内容简介

《网络安全审查办法》（以下简称《办法》）于 2022 年 2 月 15 日起施行。《办法》是由《网络安全法》规定的，其本质上属于《国家安全法》规定的国家安全审查的一部分，是网络安全领域的重要法律制度，强调了网络产品和服务需要在设计、生产和运营过程中保护用户数据安全，防止数据泄露。《办法》的正式实施标志着数据安全合规监管市场的进一步完善。通过对电力行业关键网络产品和服务供应链开展审查，可以有效减少相关产品和服务在设计、开发、交付和维护等环节存在的安全隐患，加强对电力数据安全的保障。

2. 重点条文及解读

笔者选取《办法》中部分重点条款解读如下。

（1）第二条：关键信息基础设施运营者（以下简称运营者）采购网络产品和服务，影响或可能影响国家安全的，应当按照本办法进行网络安全审查。

（2）第五条：运营者采购网络产品和服务的，应当预判该产品和服务投入使用后可能带来的国家安全风险。影响或者可能影响国家安全的，应当向网络安全审查办公室申报网络安全审查。

（3）第九条：网络安全审查重点评估采购网络产品和服务可能带来的国家安全风险，主要考虑以下因素：

（一）产品和服务使用后带来的关键信息基础设施被非法控制、遭受干扰或破坏，以及重要数据被窃取、泄露、毁损的风险；

（二）产品和服务供应中断对关键信息基础设施业务连续性的危害；

（三）产品和服务的安全性、开放性、透明性、来源的多样性，供应渠道的可靠性以及因为政治、外交、贸易等因素导致供应中断的风险；

（四）产品和服务提供者遵守中国法律、行政法规、部门规章情况；

（五）其他可能危害关键信息基础设施安全和国家安全的因素。

网络安全审查流程如图 2-5 所示。

《办法》的审查对象一般是网络产品和服务，并非禁止、杜绝非国产网络安全设备及服务。产品和服务的安全性很大程度上依赖于该产品和服务的使用主体、使用目的、使用方式以及产品供应渠道的可靠程度等因素。在《办法》中，电力企业应结合具体的业务场景进行审查，避免因供应链导致的数据安全风险。

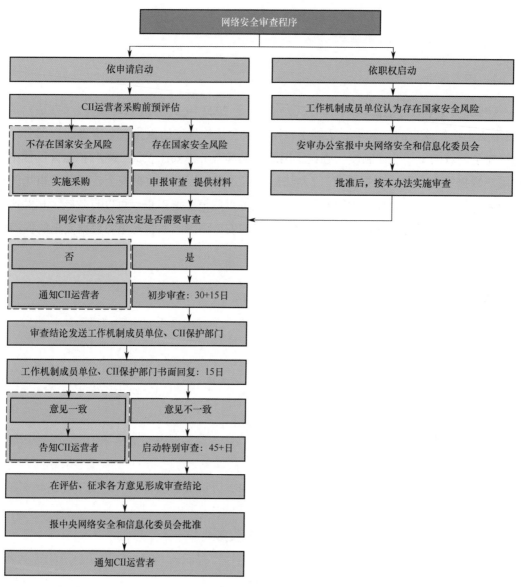

图 2-5　网络安全审查流程

2.1.7 《信息安全技术—网络安全等级保护基本要求》

1. 内容简介

随着云计算、大数据、物联网、移动互联以及人工智能等新技术的发展，等级保护 1.0 已无法有效地应对新技术带来的信息安全风险，为有效防范和管理各种信息技术风险，提升国家层面的安全水平，等级保护 2.0 应时而生。相较于等级保护 1.0，等级保护 2.0 主要包含以下几方面的变化：法律地位得到确认、等级保护对象不断拓展、强化了可信体系的这一重要思想、拆分并优化形成了 1 个通用要求和 4 个扩展要求、测评合格要求提高。

等级保护发展历程如图 2-6 所示。

图 2-6 等级保护发展历程

各个主体在电力行业网络安全管理及等级保护中的关系如图 2-7 所示。

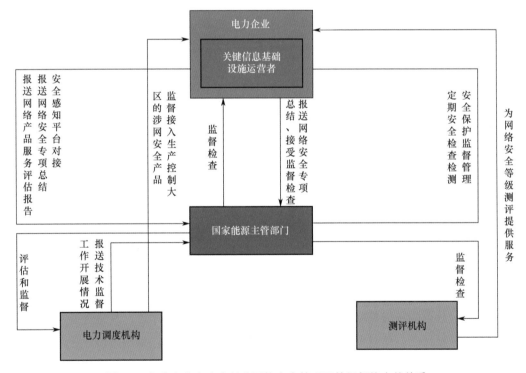

图 2-7 各个主体在电力行业网络安全管理及等级保护中的关系

2. 重点条文及解读

数据安全建设是等级保护 2.0 的重要组成部分之一。在保持等级保护 1.0 对数据安全要求的基础上，针对新的计算环境和业务场景，对数据安全保护能力提出了更具实际意义的明确要求。数据安全评估的指标主要源于通用要求中的"安全计算环境"部分，明确规定了对数据访问的审计、访问控制和加密的要求。此外，在附录中针对大数据应用场景，对数据脱敏和溯源也做了相关规定。在第一级别的基础上，第三级别的安全通用要求新增了异地数据备份功能。

笔者以等级保护第三级别为例，对相关要求展开解读。

（1）数据完整性

应采用校验技术或密码技术保证重要数据在存储过程中的完整性包括但不限于鉴别数据、重要业务数据、重要审计数据、重要配置数据、重要视频数据和重要个人信息等。

解读：在电力企业中，数据完整性对于确保业务流程的正常运行和优化设备性能至关重要。

① 校验技术和密码技术：在数据存储过程中，使用校验技术（如 CRC、校验和等）可以检测数据是否在存储时出现错误。而密码技术（如加密算法）可以确保数据的保密性和防止未经授权的访问。

② 鉴别数据：这可能包括设备和系统的身份验证数据，以确保只有经过授权的用户和设备能够访问和操作数据。

③ 重要业务数据：涉及电力企业核心业务的数据，如供电、输电、发电等方面的数据。

④ 重要审计数据：用于审查和评估电力企业运营效率、安全性和合规性的数据。

⑤ 重要配置数据：设备和系统配置的关键信息，包括硬件配置、软件配置和网络配置等。

⑥ 重要视频数据：用于监控电力设施安全和运行状况的视频数据。

⑦ 重要个人信息：涉及员工和客户的个人信息，包括身份信息、联系方式、用电记录等。

（2）数据备份恢复

本项要求包括以下几点。

① 应提供重要数据的本地数据备份与恢复功能。

解读：在电力企业中进行数据备份恢复管理时，根据数据的重要性和对系统运行的影响程度来制定数据的备份策略和恢复策略、备份程序和恢复程序等，具备重要数据的本地数据备份与恢复功能。针对不同重要性的业务数据和系统数据，识别关键业务数据并为这些重要数据设置本地备份，以确保在数据丢失或损坏时能够迅速恢复。本地备份可以提高数据恢复速度和可靠性，因为数据可以在企业内部的存储设备上访问，而不需要通过互联网。通过具备将本地备份数据恢复到系统的功能，电力企业能够在数据丢失或损坏时及时恢复业务的正常运行。

② 应提供异地实时备份功能，利用通信网络将重要数据实时备份至备份场地。

解读：在电力企业中进行数据备份恢复管理时，应具备异地实时备份功能，通过通信网络将关键业务数据，如发电、输电、配电和电力市场等相关数据实时备份到远程备份场地。这种实时备份策略有助于提高数据安全性和可恢复性，特别是在企业所在地发生自然灾害或其他意外事件时，能确保关键数据的安全。为实现异地实时备份，电力企业需要确保通信网络稳定可靠，以便在进行数据传输时不受影响。总之，电力企业应实施合适的数据备份恢复策略，包括异地实时备份功能，以确保业务连续性和数据安全性。

③ 应提供重要数据处理系统的热冗余保证系统的高可用性。

解读：在电力企业中，数据备份恢复管理是非常关键的一环。它能确保在发生数据丢失或系统故障时，及时恢复关键业务数据，保障业务连续性。热冗余保证系统就是一种实现数据备份恢复管理的方法。通过热冗余，可以实现实时数据备份，降低数据丢失的风险，提高数据安全性和系统可用性。在电力行业中，这种方法尤为重要，因为数据处理系统的稳定运行对于保证电力供应的安全和稳定至关重要。

（3）数据保密性

本项要求包括以下几点。

① 应采用密码技术保证重要数据在传输过程中的保密性，包括但不限于鉴别数据、重要业务数据和重要个人信息等。

② 应采用密码技术保证重要数据在存储过程中的保密性，包括但不限于鉴别数据、重要业务数据和重要个人信息等。

解读：在电力企业中，数据保密性是关键，因为它涉及企业的核心业务信息、用户数据和设备数据等。这些数据可能包括鉴别数据（如用户身份信息）、重要业务数据（如电力调度信息）和重要个人信息（如用户隐私信息）等。为了防止这些数据在传输或存储过程中被窃取或篡改，电力企业需要采用密码技术对数据进行加密处理。密码技术是一种通过对数据进行加密和解密来实现保密性的技术。采用密码技术可以确保数据在传输或存储过程中不被未经授权的人员窃取或篡改，从而保障电力企业的数据安全和业务稳定。此外，使用密码技术还有助于遵循数据保护法规，保护用户隐私和企业利益。

2.1.8　《关键信息基础设施安全保护条例》

1．内容简介

《关键信息基础设施安全保护条例》（以下简称《条例》）于2021年9月1日起施行出台，《条例》是为了保障关键信息基础设施安全，维护网络安全，根据《网络安全法》制定的法规。其中，关键信息基础设施包括能源领域的重要网络设施、信息系统等。该条例规定了运营者、保护工作部门、公安机关等在数据收集、存储、处理、使用、删除等方面的责任和义务，以及在发生网络安全事件或威胁时的应对措施。《条例》的出台将为我国深入开展关键信息基础设施安全保护工作提供有力法治保障。

《条例》的出台对于确保电力企业的关键信息基础设施的安全，加强对电力系统的网络安全和数据安全防护，保护电力供应的可靠性和稳定性具有重要意义。

《条例》的整体概览如图 2-8 所示。

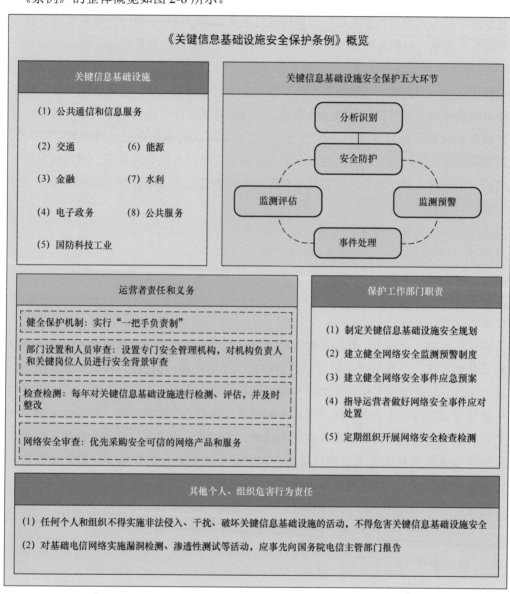

图 2-8 《条例》的整体概览

2. 重点条文及解读

笔者针对《条例》中关键条款进行解读。

（1）第十五条：专门安全管理机构具体负责本单位的关键信息基础设施安全保护工作，履行个人信息和数据安全保护责任，建立健全个人信息和数据安全保护制度。

解读：电力企业需要针对关键信息基础设施设立专门的安全管理机构，确保其安全保护工作；同时，单位也要履行个人信息和数据安全保护责任，并建立健全个人信息和数据安全保护制度，以确保个人信息和数据的安全。该条文旨在保障企业信息安全，防止信息泄露或遭受攻击，维护企业和个人信息的安全和隐私。

（2）第十八条：关键信息基础设施发生重大网络安全事件或者发现重大网络安全威胁时，运营者应当按照有关规定向保护工作部门、公安机关报告。

发生关键信息基础设施整体中断运行或者主要功能故障、国家基础信息以及其他重要数据泄露、较大规模个人信息泄露、造成较大经济损失、违法信息较大范围传播等特别重大网络安全事件或者发现特别重大网络安全威胁时，保护工作部门应当在收到报告后，及时向国家网信部门、国务院公安部门报告。

解读：电力企业应当重视关键信息基础设施的安全保护工作，采取必要的安全措施，防范网络攻击、数据泄露、系统瘫痪等重大网络安全事件的发生，防范网络漏洞、病毒、木马等重大网络安全威胁的出现。当电力企业发现关键信息基础设施发生重大网络安全事件或者发现重大网络安全威胁时，应当按照相关规定向保护工作部门、公安机关报告，及时采取应对措施，防止安全事件进一步扩大和恶化，保障电力企业信息系统的安全和稳定运行。

2.2　电力行业数据安全相关政策要求

在上一节理解了国家层面数据安全法律法规的基础之上，我们更需要关注的是，对于电力行业来说还有一系列更为细化和具体的数据安全政策。这些政策更加深入地结合了电力行业相关领域特殊的业务特性，对电力行业数据安全保护工作提供了更具针对性的指导和要求。接下来我们将依次解读《电力监控系统安全防护规定》《电力监控系统安全防护总体方案》《加强工业互联网安全工作的指导意见》《工业和信息化领域数据安全管理办法（试行）》《关于加强电力行业网络安全工作的指导意见》《电力行业网络安全管理办法》《电力可靠性管理办法（暂行）》以及《电力行业网络安全等级保护管理办法》等 8 个重要政策文件。笔者将对这些政策进行深入剖析，以期能对电力企业数据安全保护工作提供更为有效的参考和指导。

2.2.1　《电力监控系统安全防护规定》

1. 内容简介

《电力监控系统安全防护规定》（国家发展改革委 2014 年第 14 号令）（以下简称《规定》）自 2014 年 9 月 1 日起施行。《规定》是保障电力监控系统安全的重要政策文件，对于维护国家安全和社会稳定、防范电力系统信息泄露和攻击等安全风险具有重要的作用。

2．重点条文及解读

笔者对《规定》中的重点条款进行解读。

（1）第七条：电力调度数据网应当在专用通道上使用独立的网络设备组网，在物理层面上实现与电力企业其他数据网及外部公用数据网的安全隔离。

电力调度数据网划分为逻辑隔离的实时子网和非实时子网，分别连接控制区和非控制区。

解读：明确了对电力调度数据网络需要满足安全隔离的要求，并划分逻辑隔离的实时子网和非实时子网，分别连接控制区域和非控制区域。通过采用独立的网络设备建立专用通道，在物理层面上实现安全隔离，可以有效地防止非授权用户对电力调度数据网的入侵和攻击，保证电力系统的安全稳定运行和电力数据安全。同时，划分实时子网和非实时子网，可以针对不同的应用场景和数据特征进行优化和安全控制，提高电力调度数据网的性能和安全性。

（2）第八条：生产控制大区的业务系统在与其终端的纵向联接中使用无线通信网、电力企业其他数据网（非电力调度数据网）或者外部公用数据网的虚拟专用网络方式（VPN）等进行通信的，应当设立安全接入区。

解读：安全接入区的作用是防止未经授权的人员或设备进入系统，保护系统的安全。这意味着在进行网络通信时，需要使用安全的方式进行身份认证和数据加密，以保障数据的机密性、完整性和可用性。同时，对网络进行监控和日志记录，及时发现和处理安全事件，提高系统的安全性和稳定性。

（3）第十条：在生产控制大区与广域网的纵向联接处应当设置经过国家指定部门检测认证的电力专用纵向加密认证装置或者加密认证网关及相应设施。

解读：在连接生产控制大区和广域网的纵向联接处，应当安装经国家指定部门检测认证的电力专用纵向加密认证设备或加密认证网关，以及相应的设施，主要是为了保障电力数据在传输过程中的安全性。通过加密认证装置或网关等措施，可以有效防止黑客入侵和攻击，避免电力数据被篡改、泄露、窃取等安全问题。

（4）第十一条：安全区边界应当采取必要的安全防护措施，禁止任何穿越生产控制大区和管理信息大区之间边界的通用网络服务。

生产控制大区中的业务系统应当具有高安全性和高可靠性，禁止采用安全风险高的通用网络服务功能。

解读：该规定在于确保电力监控系统的安全性和稳定性。通过采取必要的安全防护措施，禁止所有穿越生产控制大区和管理信息大区边界的通用网络服务，可以防止非授权用户或恶意攻击者利用通用网络服务来进入系统，从而保护电力监控系统的安全性。

2.2.2 《电力监控系统安全防护总体方案》

1. 内容简介

《电力监控系统安全防护总体方案》（国能安全〔2015〕36号文）为保护电力监控系统的信息安全制定了一系列安全策略、措施和技术。电力监控系统是电力企业进行生产、运营、管理的重要信息系统，承载着电力生产运行的关键数据和信息。因此，保障电力监控系统的信息安全对于维护国家能源安全、保障电力生产稳定运行具有重要意义。

2. 要点解读

《电力监控系统安全防护总体方案》明确了电力监控系统安全防护结构的整体框架，详细阐述了安全防护总体原则。该方案还规定了通用和专用的安全防护技术与设备，并为梯级调度中心、发电厂变电站和配电等领域提供了电力监控系统安全防护解决方案和评估标准。

明确了电力监控系统安全防护的总体原则为"安全分区、网络专用、横向隔离、纵向认证"。将电力监控系统网络划分为多个安全分区，每个分区都是网络专用，不同的系统和模块横向隔离，用户和系统需要进行纵向认证。这样的安全措施可以有效降低电力监控系统的被攻击风险，提高系统的安全性。

电力监控系统安全防护的总体原则及具体解释如表2-1所示。

表2-1　电力监控系统安全防护的总体原则及具体解释

总体原则	具体解释
安全分区	将一个计算机网络划分为多个不同的区域，每个区域有不同的安全级别和访问权限，以限制网络内部的信息流动，增加安全性
网络专用	指的是专门为特定用途而建立的网络，例如电力监控系统的网络。这种网络相对于公共网络，安全性更高，访问更加受限
横向隔离	是指在同一安全分区内，将不同的系统或者功能模块分开，避免系统之间的信息交流，降低攻击风险
纵向认证	是指对于不同安全级别的用户和系统，需要不同的身份认证和访问权限。这样可以防止低权限用户越权操作，提高安全性

2.2.3 《加强工业互联网安全工作的指导意见》

1. 内容简介

工业互联网是将工业系统与信息网络高度融合而形成的互联互通网络，目前已延伸至含电力、建筑等实体经济重点产业在内的40个国民经济大类。随着"互联网+电力行业"

的深度融合，更多电力设备实现互联，相关业务、平台、设备、用户的多样性不断丰富，传统的网络安全边界加速瓦解。电力互联网应用需要采集各类电力设备的数据，实现多种数据的集中，也就意味着电力数据安全风险的增加。《加强工业互联网安全工作的指导意见》（简称《指导意见》）阐述了工业互联网安全发展的方向，明确了设备、控制、网络、平台和数据安全等方面的产品升级和产业平台建设的核心任务，为我国工业互联网安全保障体系的建设提供了全面规划。

2. 要点解读

《指导意见》提出了四条基本原则，结合具体内容，笔者建议电力企业在保障数据安全方面可参考以下四项内容，具体如图 2-9 所示。

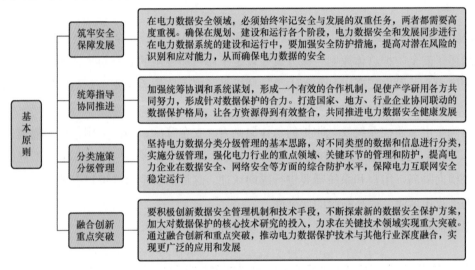

图 2-9　四条基本原则

2.2.4 《工业和信息化领域数据安全管理办法（试行）》

1. 内容简介

《工业和信息化领域数据安全管理办法（试行）》（以下简称《管理办法》）自 2023 年 1 月 1 日起施行，为《数据安全法》的贯彻落实提供了有力的保障，并加快推动了工业和信息化领域数据安全管理工作制度化、规范化。

2. 要点解读

《管理办法》作为工业和信息化领域数据安全管理的顶层制度文件，全面解决了电力企业在数据安全方面的管理责任、范围和方法等核心问题，为电力企业的数据安全工作提供了明确的指导方针。其主要内容如图 2-10 所示。

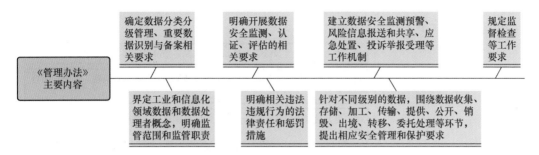

图 2-10 《管理办法》主要内容

电力数据各环节处理活动安全要求，如表 2-2 所示。

表 2-2　电力数据各环节处理活动安全要求

处理环节	一般数据	重要数据	核心数据
收集	遵循合法正当原则 采取分级安全措施	加强收集人员、设备管理 记录收集来源、时间、类型、数量、流向等信息间接获取数据，数据处理者和提供方须签署协议并明确双方责任	
存储	依法依约存储	采取校验、密码等安全存储技术 实施容灾备份 实施存储介质安全管理 定期开展恢复测试	
使用加工处理	保证自动化决策公平透明 涉及电信业务的数据处理，应取得电信业务经营许可	加强访问控制	
传输	按照数据类型、级别、应用场景，制定安全策略，采取保护措施	采取校验、密码、安全传输通道或安全传输措施	
提供	明确范围、类别、条件、程序	与数据获取方签订安全协议核验获取方数据安全保护能力	评估安全风险采取安全措施经本地区行业监管部门审查上报工信部
公开	对国家安全、公共利益存在重大影响的不得公开		
销毁	建立数据销毁制度 明确销毁对象、规则、流程、技术要求 记录销毁轨迹	禁止恢复 履行备案变更手续	
出境	境外工信领域执法机构获取数据，须获得我国工信部批准	法律法规有境内存储要求的，在境内存储确需出境，申请数据出境安全评估	
转移	明确转移方案 通知受影响用户	履行备案变更手续	评估安全风险 采取安全措施 经本地区行业监管部门审查上报工信部
委托	签订合同协议，明确委托、受托双方责任义务	核验受托方数据安全保护能力和资质	评估安全风险 采取安全措施 经本地区行业监管部门审查上报工信部

电力数据安全监测和应急管理，如图 2-11 所示。

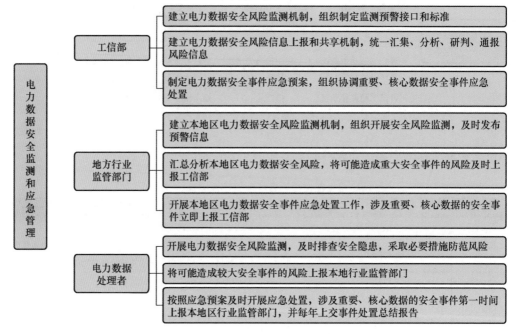

图 2-11　电力数据和安全监测应急管理

电力企业应遵守《管理办法》，落实以下要求。

（1）电力企业需参照数据分级标准，制定本单位数据分类分级细分规范，定期梳理形成本单位重要数据和核心数据的目录清单，并向本地区行业监管部门备案。

（2）电力企业应按期开展数据安全评估，确保数据安全风险隐患及时发现，并按照要求向本地区行业监管部门上报风险评估报告。

（3）电力企业应进一步明确各企业数据安全责任人、直接责任人以及数据安全联系人，建立跨企业沟通协作机制。

（4）电力企业应组织常态化监测预警与应急处置，涉及重要数据和核心数据安全事件的应第一时间进行上报，确保数据安全风险及时处置、及时通报。

（5）电力企业对确需跨境数据需对接国家有关部门进行评估，利用国际业务数据安全传输系统对数据跨境进行保护，并做好风险监测。

2.2.5　《关于加强电力行业网络安全工作的指导意见》

1. 内容简介

2018 年 9 月 13 日，为了提高电力行业的数据安全防护能力，建立坚固的网络安全防御体系，预防和抑制诸如数据泄露等严重的网络安全事件，确保电力系统的安全稳定运行和可靠供应，国家能源局依据《网络安全法》《电力监管条例》等相关法律法规，发布了《加强电力行业网络安全工作指导意见》（简称《意见》）。《意见》明确电力企业要加强全方位网络安全管理，强化关键信息基础设施安全保护，加强行业网络安全基础设施建设，加强电力企业数据安全保护，提高网络安全态势感知、预警及应急处置能力等。

2. 要点解读

在数据安全方面，根据《意见》的要求，电力行业应遵循以下三条基本原则。

（1）应当建立健全的数据安全保护机制，明确数据安全责任主体，确保各级责任明确，各职能部门分工协作，各项措施有序实施。同时，应当重视重要数据的识别、分类和保护，制定数据安全等级保护标准，加强关键系统、核心数据容灾备份设施建设，防范各种信息安全风险和威胁。

（2）需要加强重要数据出境管理，严格控制关键数据的出境流动，对涉及国家安全和社会公共利益的数据进行审核和审批，确保数据安全和国家安全的一致性。同时，需要加强大数据安全保障能力建设，提高数据安全保障的技术水平和管理水平，加强对数据安全保障相关人员的培训和教育，增强数据安全保障能力。

（3）应该强化个人信息、用户信息保护，加强业务系统个人信息、用户信息保护能力，防止个人信息、用户信息泄露，确保个人信息安全。为此，需要制定个人信息保护法律法规，建立完善个人信息安全事件投诉、举报和责任追究机制，加强个人信息保护的技术手段和管理措施，保护个人信息安全权益。同时，应该制定用户信息保护措施，为用户提供安全、可靠、便捷的服务，提高用户信息保护的水平。

《意见》的出台，有利于电力行业网络安全责任体系和数据安全监督管理体制机制的健全完善，强化数据安全防护体系，推动电力行业的可持续发展。

2.2.6 《电力行业网络安全管理办法》

1. 内容简介

为加强电力行业网络安全监督管理，规范电力行业网络安全工作，提高电力行业网络安全防护能力和水平，国家能源局于 2022 年 11 月 16 日修订印发了《电力行业网络安全管理办法》（国能发安全规〔2022〕100 号）（以下简称《管理办法》）。《管理办法》重点围绕电力行业网络安全各环节，明确了电力行业部门监管职责和电力企业主体责任，完善了关键信息基础设施安全保护、网络安全等级保护、数据安全、电力监控系统安全防护、密码、网络安全审查等内容。

2. 要点解读

依照《管理办法》的要求电力企业应做到以下几点。

（1）电力企业需完善与地方能源主管部门的工作对接机制，同时各相关企业需配合开展检查评估、培训和交流、监督管理电力监控系统专用安全产品、加强并网电厂监控。

（2）电力企业应加强各方面防护要求和措施落实，杜绝发生违反行业规定的事件。

（3）电力企业需进一步跟进能源局的关基保护相关要求，持续强化完善关基保护，新增对能源局的年度报告工作机制。

（4）电力企业需加快制订实施数据分类分级规范，相应明确分类分级安全保护体系、要求和措施。

（5）电力企业应加强对自主可控装备、实战装备等关键安全设备的供应链安全管理，避免因供应商问题导致数据泄露。

2.2.7 《电力可靠性管理办法（暂行）》

1. 内容简介

《电力可靠性管理办法（暂行）》（以下简称《办法》）于 2021 年 11 月 23 日国家发展和改革委员会第 19 次委务会议审议通过，自 2022 年 6 月 1 日起施行。《办法》针对当前电力运行和供应中的重点领域和薄弱环节，对发、输、变、配、用五大环节分别提出了针对性措施。

2. 要点解读

《办法》新增"第七章 网络安全"专章，并重点提出了网络安全防护及监测、风险评估、网络安全责任主体落实、隐患排查治理等电力行业网络安全相关要求。

（1）电力行业应坚持数据安全的积极防御和综合防范原则，包括实行安全分区、网络专用、横向隔离、纵向认证等措施，加强全生命周期电力数据安全管理以提高电力数据可靠性。电力企业需要执行数据安全制度、关键信息基础设施安全保护、数据安全等级保护等工作，同时加强对数据安全审查、容灾备份、监测审计、态势感知、纵深防御、信任体系建设、供应链管理等方面的管理。此外，还需要进行网络安全监测、风险评估和隐患排查治理，提高电力数据安全监测分析与应急处置能力。

（2）为保障电力系统的安全稳定运行，电力企业需强化对电力监控系统的信息安全管理和防范黑客、恶意代码等对电力监控系统的攻击及侵害，应完善结构安全、本体安全和基础设施安全，并逐步推广安全免疫。电力企业应开展电力监控系统安全防护评估，将其纳入电力系统安全评价体系。电力调度机构应加强对直接调度范围内的发电厂涉网部分电力监控系统安全防护的技术监督。

（3）电力用户作为其产权内配用电系统和设备数据安全责任主体，应当根据国家有关规定和标准开展数据安全防护工作，避免攻击者利用用户端对公网进行攻击造成数据泄露。电力企业应当在并网协议中明确网络安全相关要求并监督落实。

2.2.8 《电力行业网络安全等级保护管理办法》

1. 内容简介

随着电力系统结构日趋复杂、网络边界日益扩大、网络安全形势不断变化，国家能源局于 2022 年修订印发《电力行业网络安全等级保护管理办法》（以下简称《等级保护管理办法》）。本次修订根据国家法律法规和标准规范等，将电力行业网络安全等级保护原则由"自主定级、自主保护"修订为"分等级保护、突出重点、积极防御、综合防范"。

2. 要点解读

电力行业的五个安全保护等级如表 2-3 所示。

表 2-3　电力行业的五个安全保护等级

客体	破坏程度					
	特别严重危害	严重危害	危害	特别严重损害	严重损害	一般损害
国家安全	第五级	第四级	第三级	/	/	/
社会秩序和公共利益	第四级	第三级	第二级	/	/	/
公民、法人和其他组织	/	/	/	第二级	第二级	第一级

电力企业应遵守《等级保护管理办法》，落实以下要求。

（1）电力企业应统筹衔接电力监控系统安全评估、等保测评、关基检测评估、密评等工作，规范信息系统测评管理。企业应将测评结果以及自身网络安全状况以年报形式上报；

（2）电力企业需做好网络安全事件应急预案，并向监管部门提供网络安全事件应急处置结果报告以及数据容灾备份情况；

（3）电力企业应当建立自有网络安全事件监测预警体系和信息通报平台，包括实施安全事件的主动监测和被动监测，及时发现和预警网络安全事件；与相关部门和其他企业建立紧密联系，对网络安全事件情报信息进行交流和共享；

（4）电力企业应选用符合国家规定、满足相关安全保护要求的网络产品和服务，电力关基设施应优先选择安全可信的产品和服务，并按照国家网络安全规定对关基设施进行安全审查。

2.3　本章小结

如古人所言，"法者，治之端也"，这句话用来形容法律是国家治理的基础和出发点。电力行业数据安全也一样，离不开对法律法规及国家政策的遵循。本章简述了电力行业数据安全相关的政策、法律法规，为电力行业数据安全工作开展提供了依据。电力行业是国家关键信息基础设施，既有普适性的法律依从，又必须满足电力行业特殊的要求，因而开展电力行业数据安全相关工作时必须做到合法合规。

在遵循法律法规和政策的同时，电力企业还需要结合实际情况和具体需求，进一步构建和完善符合自身特色的数据安全全方位保护体系，本书将从理论到实践，指导企业提升数据安全管理能力和防护水平，促进电力数据合理、合法、合规使用和流通。

【锻造】对剑胚施加压力、反复锻压可获得更好的延展性和紧实性，寓意"千锤百炼"、反复研磨、精益求精的过程。数据安全重要性日益凸显的今天，防御及保障之法需从顶层设计开始，经过不断地探索和实践始成。

锻造：电力行业数据安全保护体系

不积跬步，无以至千里；不积小流，无以成江海（荀子《劝学》）。电力企业的数据安全建设不是一蹴而就的，它是一个逐步完善的过程，并且会随着业务发展而发生需求变化，数据安全保障不仅需要技术措施，也需要服务支撑，更需要管理手段。

数据安全保护体系的根基稳固，需要数据安全管理体系、技术体系和服务体系"三驾马车"齐头并进，共同形成保障新型电力系统数据安全的可靠基石，确保电力行业数字化转型的高速腾飞。首先，要保证数据安全管理体系和数据安全技术体系的同频共振。数据安全管理体系是数据安全保护的最顶层政策方针、战略方向，包括数据安全组织建设、数据安全管理制度、数据分类分级指南、数据安全应急预案、数据资产分类分级清单等。通过数据安全管理体系去支撑、指导数据安全技术体系的落地，同时依托数据安全技术体系去完善数据安全管理体系；通过定期的安全数据评估和持续的数据安全运营及时发现数据安全技术体系、数据安全管理体系的不足。其次，数据安全服务体系的持续赋能，为数据安全技术体系提供了动态防护能力。最终实现数据安全管理体系、技术体系和服务体系"三位一体"安全闭环保障能力，形成电力企业数据安全的可持续循环架构。

随着新型电力系统建设的深入，电力行业在日常生产、经营和管理中会产生大规模、多种类的数据信息。这些数据信息具有分布面广、数据采集点多、数据类型多、业务关联关系复杂的特点，给电力生产、传输、营销带来便利的同时，也存在数据泄露、网络攻击、非法盗取等安全管理问题。因而，构建完备的数据安全管理体系是保障各类数据活动安全合规的关键。

为落实国家数据安全的相关要求，笔者依据国家数据安全法律法规和具体电力业务需求，构建数据安全保护体系模型，供电力企业、专家学者参考。该模型包括三大部分，分别是数据安全管理、数据安全技术防护和数据安全运营及服务。数据安全保护体系顶层设计如图3-1所示。

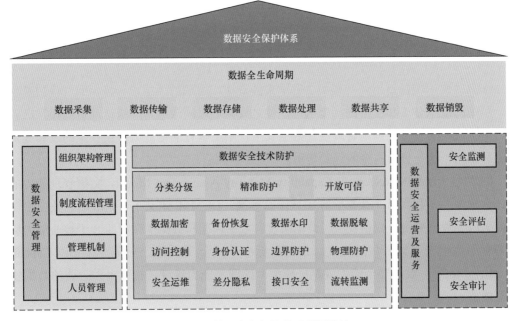

图 3-1 数据安全保护体系顶层设计

（1）数据安全管理包括组织架构管理、制度流程管理、管理机制、人员管理等内容。遵循国家法律法规关于数据及个人信息保护要求，健全数据安全管理机构，明确数据安全负责人，制定完善数据安全相关管理制度和办法，强化数据业务过程中相关人员安全管控，增强企业员工安全合规意识，开展数据分类分级、核心数据、重要数据的识别认定、数据分级防护等标准规范。组织实施数据分类分级管理工作，建立企业核心数据和重要数据具体目录并实施动态监管，对各类数据实行分级防护。不同类别和级别的数据同时被处理，而无法单独采取保护措施的，应当采用其中级别最高的要求实施保护，确保数据一直处于有效保护和合法使用的状态。

（2）数据安全技术防护。重点开展数据安全防护能力建设工作，综合利用敏感数据识别、数据脱敏、数据水印溯源、数据加密、数据库审计、数据合规管控等核心技术能力，在具体业务场景的关键环节部署安全防护措施，为数据全生命周期安全防护提供支撑。

（3）数据安全运营及服务。重点开展数据安全评估管理、安全监测预警和应急管理、数据安全监督审查管理等日常运营工作。制定数据安全评估规范，开展企业数据安全检测、认证工作，或委托第三方评估机构每年至少对其数据处理活动开展一次风险评估，并及时整改；建立数据安全风险监测预警机制，组织开展数据安全风险监测，按照有关规定及时发布预警信息，涉及重要数据和核心数据的安全事件，应当立即汇报上级部门，并及时报告事件发展和处置情况；建立数据安全风险监测机制，组织制定数据安全监测预警接口和标准，统筹建设数据安全监测预警技术手段，形成监测、预警、处置、溯源等能力，与组织机构各部门加强信息共享。

3.1 如何做好电力企业的数据安全管理

秦国的快速崛起离不开商鞅变法留下来的秦律，律法的顶层设计、全面严谨的奖惩制度、精细的组织分工和严格的制度执行，使之成为可以高效运转、快速动员的国家机器。学习借鉴古人的智慧结晶，管理现代数据安全，制度执行的畅通为数据安全的发展提供了保障和帮助，这是贯通古今的经验传承。

DCMM（Data Management Capability Maturity Assessment Model，数据管理能力成熟度评估模型）是我国首个数据管理领域国家标准。DCMM 定义了数据战略、数据治理、数据架构、数据应用、数据安全、数据质量、数据标准和数据生存周期 8 个核心能力域。笔者参照数据安全能力域的定义、过程和标准，结合 DSMM（Data Security Capability Maturity Model，数据安全能力成熟度模型）的四个能力维度，构建电力企业的数据安全管理体系。

整体来看，数据安全管理体系建设是以法律法规监管和业务发展需要为输入，结合数据安全在组织建设、制度流程和技术工具的执行要求，匹配相应人员的具体能力。一个组织或机构的数据安全能力建设结果最终以数据生命周期各个过程域来综合体现，电力企业的数据安全管理体系如图 3-2 所示。

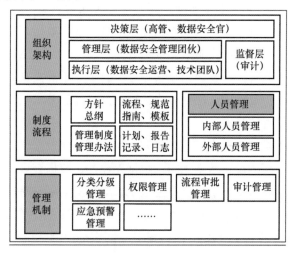

图 3-2　电力企业的数据安全管理体系

3.1.1 至关重要的组织架构

数据安全管理是一项需要多方联动型的复合型工作，有效的数据安全管理离不开合理的组织架构、组织全员的主动参与和各主体责任义务的严格履行。建立由上而下、覆盖全员的组织架构，需要设置数据安全专业管理部门或专职岗位，并明确架构层级、职责划分以及人员的具体分工，确保数据安全职责清晰、权责对等、赏罚分明、落实有力，为推动全员主动参与提供坚实的组织保障。数据安全治理组织可采取 5 层组织架构，即决策层、管理层、执行层、监督层和参与层，并通过建立数据安全接口人机制，进一步加强各层级、各部门的沟通协调与工作协同，组织架构如图 3-3 所示。

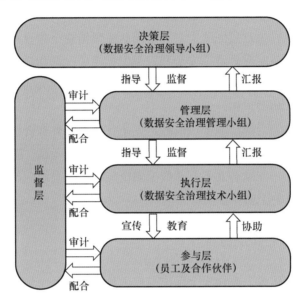

图 3-3　组织架构

决策层是数据安全管理工作的决策机构，由组织数据安全官及其他高层管理人员组成，数据安全官是组织内部数据安全的最终负责人。决策层负责对组织的数据安全顶层设计、组织架构、发展规划、关键事项等进行规划、制定与决策，总体负责数据安全工作的统筹组织、指导推进和协调落实，明确数据安全管理部门，协调机构内部数据安全管理资源调配。

管理层是数据安全组织机构的第二层，基于组织决策层给出的策略，对数据安全实际工作制定详细方案，做好业务发展与数据安全之间的平衡，是组织内部开展数据安全工作最核心的部门或岗位。数据安全管理团队通常包括主要部门的主要负责人，以及业务、研发、法务等协同部门的数据安全接口人。管理层负责数据安全的全面管理，负责制定、发布和更新数据安全管理制度、规程与细则，组织开展数据分级、数据安全评估、识别并维护数据资产清单等工作，保障数据安全管理工作所需资源，监督本机构内部，以及本机构与外部合作方数据安全管理情况。

执行层主要负责：①数据安全风险的评估和改进；②数据权限授权、数据共享、数据下载等数据安全运营工作，数据安全事件的跟进和处理；③协助数据安全管理团队展开数据治理工作，数据安全专案项目管理和实施。例如，制定本部门安全管理制度体系，开展数据安全培训，分配数据权限，进行数据脱敏和数据安全控制有效性确认，配合执行数据相关安全评估及技术检测，制定本部门数据安全应急预案，处置本部门有关数据安全事件，记录本部门数据活动日志，落实数据安全防护措施。

监督层的监督审计部门通常由内部安全审计、督察稽核、法务等部门人员构成，形成面向整个组织的数据安全监督小组。根据数据相关业务实际情况，确定相应审计策略及规范，定期对管理层团队、执行层团队、参与层团队在数据安全建设和管理方面的工作开展情况进行审核与监督；及时受理数据安全和隐私保护相关投诉和举报，并将发现的违规问题和薄弱环节及时反馈给决策层。在决策层的统一领导下对相关问题进行纠正，配合开展外部审计相关的组织和协调工作。

参与层包括电力企业内部协同部门的数据安全负责人及外部合作伙伴，参与、配合、遵守企业内部数据安全治理相关要求。参与数据安全培训、考试、案例学习等提升数据安全意识和风险识别能力，能结合业务判断数据安全风险，对组织内部风险及时申报，不断协助管理团队提升数据安全防护能力。

3.1.2　缺一不可的制度流程

数据安全组织结构体系为数据安全保护提供了角色支撑，而制度建设是数据安全管理的保障和支撑。

数据安全制度规范一般从业务数据安全需求、数据安全风险控制需要及法律法规合规性要求等几个方面进行梳理，最终确定数据安全防护的目标、管理策略及具体的标准、规范、程序等。

一般情况下，数据安全制度规范体系文件可分为四个层面，如图 3-4 所示：一级文件是面向组织层面数据安全管理的顶层方针、策略、基本原则和总的管理要求等。二级文件是由管理层根据一级管理要求制定通用的管理办法、制度及标准；二级文件作为上层的管理要求，应具备科学性、合理性、完善性及普遍的适用性。三级文件一般由管理层、执行层根据二级管理办法确定各业务、各环节的具体操作指南、规范。四级文件属于辅助文件，一般包括操作程序、工作计划、资产清单、过程记录等过程性文档；四级文件是对上层管理要求的细化，用于指导具体业务场景的具体工作。

制定数据安全管理制度和业务相关的数据安全策略和规程时，应结合电力行业领域的工业数据特征、工业数据处理场景等，明确数据安全工作方针、目标和原则，对管理制度执行落实情况进行监督检查和考核问责。从数据安全战略、数据全生命周期安全、基础安全三方面构建制度体系，包括但不限于数据安全评估、数据安全审计、数据安全应急管理、数据审批等管理制度，并及时进行修订。

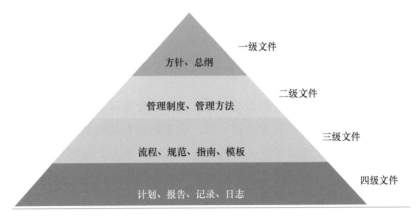

图 3-4 数据安全制度规范体系文件

数据安全制度的具体体系架构如图 3-5 所示。

一级文件：方针、策略

数据安全管理总则

二级文件：规范、程序、管理办法

| 数据分类分级管理办法 | 数据安全评估管理办法 |

| 员工数据安全管理办法 | 数据全生命周期安全管理办法 | 合作方管理办法 | 日志管理办法 | 极限管理办法 |

| 数据安全事件应急管理办法 | 数据安全审计管理办法 |

三级文件：细则、手册、指南

数据接入采集安全实施细则	数据传输安全实施细则	员工数据安全问责规范	数据分类分级指南
数据传输接口安全管理规范	存储介质安全管理规范	合规性评估操作指南	风险评估操作指南
数据备份与恢复管理规范	数据脱敏操作指南	账号与极限安全管理细则	日志审计手册
数据加密管理规范	数据使用申请、审批安全管理规范	外包/合作方数据安全管理细则	数据安全审计操作规范
对外数据输出管理细则	数据传输安全实施细则	数据安全事件应急处置操作规范	数据安全事件应急预案操作指南

四级文件：记录、表单

数据安全培训计划表	数据安全基线扫描清单	数据接口清单	数据资产分类分级清单	合作方数据安全保障能力调研表
	数据备份与恢复记录表	数据采集记录模板	数据安全合规性评估表评估报告	数据安全风险评估表/评估报告
员工数据安全能力考评表	数据共享清单/记录	数据使用申请表	业务合作方清单	账号权限申请表单	业务数据账期统计清单
	流程审批表模板	数据销毁记录模板	数据安全审计清单	审计报告模板	日志记录模板

■ 数据安全战略相关制度
□ 数据全生命周期安全相关制度
■ 基础安全相关制度

图 3-5 数据安全制度的具体体系架构

3.1.3　必不可少的管理机制

1. 实施数据分类分级管理

数据分类分级是数据安全管理的重要环节，是确定数据保护和利用之间平衡点的一个重要依据。数据分类是数据资产管理的第一步，就是把具有某种共同属性或特征的数据归并在一起，通过其类别的属性或特征来对数据进行区别。数据分级则是根据数据的敏感程度和数据遭到篡改、破坏、泄露或非法利用后对受害者的影响程度，按照一定的原则和方法进行定义，本质上就是数据敏感维度的数据分类。

电力企业不同部门、不同类型的数据重要程度不一样，如果对所有数据都采用没有差别的保护，会对企业造成巨大的资源浪费，而且会影响业务的运行。因此，电力企业也在探索电力数据的分类分级标准。例如，国家电网有限公司发布的统一数据模型 SG-CIM（Smart Grid-Common Information Model），使用面向对象的建模技术定义、统一建模语言进行表达，对企业全业务范围内的业务对象进行抽象从而以信息模型的形式进行描述，按照企业业务领域，共划分了人员、财务、物资、项目、电力系统、资产、客户、市场、安全、综合 10 个业务主题域。依据数据重要性、敏感性进行安全分级，并实行差异化防护，例如可以划分为企业核心数据、重要数据以及一般数据三个等级。

2. 明确访问权限机制

对于电力企业而言，明确的访问权限机制是非常关键的。电力企业应当按照业务需求、安全策略及最小授权原则等，合理配置人员的系统访问权限，强化人员身份、权限、操作等管理，严禁非授权用户未经审批随意使用数据。

首先，要做好角色的定义，这也是访问权限机制的第一步。电力企业应当结合具体的场景以及该场景下相关员工的职责和工作需求，定义不同的角色，并为每个角色分配适当的访问权限。例如电力系统的调度员负责监控和控制电力系统的运行，需要访问到电力系统状态信息、发电量信息等，而电力市场交易员则负责在电力市场进行买卖交易，需要访问市场价格、交易量等相关信息。每个角色都应有明确的职责和任务，并对应一套合适的访问权限。

其次，要做好权限分配，这是建立访问权限机制的重要环节。在分配权限时，应基于"最小权限原则"，也就是每个角色应获得执行其任务所需的最少访问权限。这就意味着，每个角色或用户应仅获得执行其任务所需的最少访问权限。例如，如果一名运维人员的工作只涉及某些设备的日常维护，那么他可能无须访问到设备的配置信息或其他敏感数据。这样的权限限制可以最大程度地降低数据泄露或滥用的风险。尤其要注意的是需要严格控制超级管理员权限账号数量，对数据安全管理、数据使用、安全审计等人员角色进行分离设置。

3. 严格数据审批流程

严格的数据审批流程是确保电力企业数据安全性和完整性的必要机制，有利于数据安全管理的权责明晰，有助于控制合规与风险，笔者建议应该至少考虑以下几个方面。

（1）数据访问权限申请。任何人员申请访问包含敏感数据的系统，特别是核心数据库和业务系统，都应经过严格的申请与审批程序。审批应考虑人员的角色、职责与数据查询目的。

（2）数据提取审批。任何数据提取行为，无论以存储介质、文件、报表还是应用系统功能的方式，在涉及提取敏感数据前都应获得相关审批。审批人应审查数据提取目的与用途的合规性。

（3）数据共享与交换审批。电力企业内外部的任何数据共享或交换行为，在执行前都应获得联合审批。审批应确保数据去向方与接收方拥有相应的安全防护能力，并对数据用途与安全性进行审查。

（4）数据删除或销毁审批。敏感数据的任何删除、销毁或下线存储处理行为，在实施前都应获得数据权责人的审批。审批应确认行为的必要性与合规性，并应进行销毁效果验证。

（5）数据系统变更审批。任何可能影响数据安全的系统变更行为，如数据库字段变更、系统功能修订、连接接口调整等，在上线前都应进行变更分析与评估，获得数据系统管理员和网络安全负责人的审批许可。

（6）数据安全配置变更审批。数据系统与网络内任何可能改变或影响数据安全防护措施的配置修改行为，都应获得网络安全管理人员的审批，审批应核实变更不会对系统与数据安全造成影响或增加风险。

（7）权限申请与变更审批。系统内任何人员权限的申请、变更与回收行为都应执行标准的申请与审批流程，各级权限管理人员应审核人员资格、权限范围与数据安全。

4. 建立应急预警处置机制

电力企业数据安全及相关系统的安全至关重要，科学完备的数据安全应急预警处理机制可以大大减轻数据安全事件及网络安全事件造成的损害。建议电力企业可从以下几个方面着手。

（1）制定数据安全事件应急预案，明确检测、报告、响应、恢复等流程，指定应急组织架构与职责，并与行业主管部门数据安全事件应急预案进行衔接，定期组织开展应急演练。

（2）开展数据安全监测及预警，根据电力企业实际情况建设数据安全风险监测预警能力，能够对数据泄露、违规传输、流量异常等安全风险及安全事件进行监测分析，及时排查安全隐患，采取必要措施防范数据安全风险。

（3）建立跨部门、跨专业的数据安全应急响应团队，定期开展数据安全应急响应与处置培训，同时制定数据安全事件的判定标准与上报流程，一旦发现系统非授权访问、资料泄露、网络攻击等事件，相关人员及部门需及时上报应急团队并提供详细信息。

（4）损害控制与隔离。应急团队接到事件上报后，首先执行损害控制措施，如关闭网络连接、停止服务或隔离系统，避免问题扩大，然后进行事故分析与评估风险及影响。

（5）问题修复与恢复。根据事件分析结果，修复系统漏洞或数据安全问题，恢复网络服务与系统功能，同时收集证据以追究责任，针对关键系统应限期完成修复，避免长时间中断。

（6）风险管理与总结。相关企业应对事件进行事后广泛分析，总结出现问题的原因及漏洞，评估风险管理与应急处置的不足，不断提高企业的应对能力，并及时修订应急预案和数据安全策略与机制。

（7）信息披露与公关。根据事件性质与影响及时向管理部门、监管机构与公众披露信息。必要时委托专业团队进行危机公关，以减少企业形象损害。

3.1.4 不可或缺的人员管理

1. 内部员工管理

组织机构的数据安全策略、制度流程和技术工具等的落实和推进离不开工作人员的执行。由于组织机构内部不同部门、不同层级及不同来源的员工，其工作难免需要在不同场景下直接或间接地接触数据资产，因此制定内部数据接触人员的管理机制，加强内部人员的数据安全保护措施、提升数据安全保护意识尤为重要。应考虑在内部人员招聘/引进、入职、转岗/调岗、离职等各个环节设置相应的风险控制措施，确保内部人员的数据安全行为合法合规。

（1）招聘环节。对员工候选人的背景进行调查，对求职者的教育和工作经历、个人品质、交往能力、工作能力等信息进行证实，并着重在法律法规、行业道德准则要求等方面的考查；若涉及数据安全岗位候选人，则还应增加胜任能力方面的调查。签订劳务合同的同时，还应签署对数据安全关键岗位制定统一的保密协议和数据安全岗位责任协议。

（2）入职环节。针对新入职的员工，应根据其岗位特性及工作内容的敏感程度提供不同级别和内容的数据安全培训及制度宣贯，并在试用期内搭配对应考核的学习要求，通过考核确认该人员对制度的掌握情况和工作执行能力，从而降低因人员而导致的数据安全违规风险，同时提升人岗匹配性。

（3）转岗环节。对于工作人员转岗的情况，在工作交接完成后，应立即完成相关人员数据访问、使用等权限的配置调整，并明确有关人员后续的数据保护管理权限和保密责任，对已落到办公终端本地的数据进行清理，以确保该工作人员已不再具备原有岗位职责的任何权限和遗留数据；根据相关人员的新岗位职责，重新赋予对应的权限，若相关人员调整后的岗位不涉及数据的访问与处理的，明确其继续履行有关信息的保密义务要求，即在职人员在转岗过程中，对应权限应经过清空—评估—授予的过程，以确保对应人员的权限仅符合后向职责，从而避免人员多次转岗过程中的权限累加所造成的权限蔓延问题。

（4）离职环节。针对离职人员，应关注其提出离职到正式离职期间的工作交接情况，并确认数据交接是否完整，以及对应人员有无数据外传和复制等疑似数据泄露的行为；同时在确认交接完成后，立即进行权限回收、账号冻结和对已落到办公终端本地的数据进行清理等工作，及时收回使用的设备、数字证书、门禁卡、文件等物品或资产，从而保证其权限和账号均已不可用，同时可根据离职人员工作岗位的特殊性和敏感性等，与部分高敏感人员协商和签署离职后的竞业协议等具有法律效力的文件，明确并告知其继续履行有关信息的保密义务要求。

（5）人员培训与考核。员工在职期间，应定期开展数据安全意识培训、数据安全制度培训等培训宣贯工作，并辅以对应的考核内容，可按季度、半年度或年度的方式安排定期培训宣贯和考核认证；采取安全教育、技术培训、技能考核等措施，对涉及信息安全管理、检查和执行等关键岗位的人员进行全面、严格的安全技能考核，持续确保在职人员的数据安全意识及制度理解能力，将安全意识宣贯常态化，从而持续确保组织人员对数据安全制度的遵从性。

（6）人员惩戒。当人员违反相关的安全管理制度时，应依照其违规程度及影响，适度进行处罚；如其部门领导未尽监管职责，则负连带责任；如该安全违规涉及法律层面，则追究该人员的民事、刑事责任。

2. 外部人员管理

除内部人员外，企业在与外部人员进行接触过程中，也应防范外部人员对组织内部可能带来的各类信息安全风险，尤其是变电站、营业厅等特殊场所往往是最为关键的环节，这些地方往往聚集了大量的敏感设备和数据，因此，对于外部人员的管理尤为重要。外部人员带来的相关风险包括但不限于：物理访问带来的设备、材料盗窃，误操作导致各种软硬件故障，对资料、信息管理不当导致泄密，对计算机系统滥用、越权访问、恶意攻击。因此，建议电力企业制定外部人员的管理机制，确保外部人员数据安全行为合法合规。

（1）严控临时来访、常驻等外部人员活动权限，最大限度降低外部人员安全风险。常驻外部工作人员根据工作需要授予其有时间和活动区域限制的临时出入证件，临时来访人员应核对其身份并进行登记，限制其活动区域。

（2）外部人员进入机房等重要区域应办理审批登记手续，并由相关管理人员全程陪同，在机房内的所有操作都必须说明该操作可能引起的安全风险，由相关管理人员认可后才能操作并进行全程监控。

（3）原则上禁止外部人员携带的计算机接入组织内部信息网络以及远程访问。对允许被外部人员访问的系统和网络资源建立数据存取控制机制、认证机制，列明所有外部用户名单及其权限，加强对外部人员的数据安全要求和培训，必要时签署保密协议。

3.2　如何做好电力企业数据安全技术防护

数据的存在是建立在各个信息系统之上的，因此，数据安全的技术保障不能只停留在数据层面，而是应该覆盖到全方位、多层次的安全领域深度防御。为严格遵守国家法律法规及电力行业数据安全保护要求，同时兼顾数据流转及业务访问效率，笔者以"分类分级、精准可控、开放可信"十二个字作为整体数据安全技术防护原则，参照等级保护 2.0 中的数据、终端、应用、系统、网络、物理六个层面，从身份认证、访问控制、安全控制、监控审计、备份恢复五个维度，给出了电力企业数据安全技防体系架构，如图 3-6 所示，仅供参考。

（1）身份认证

身份认证确保只有身份验证通过的用户和设备可以访问数据、应用、系统和网络。在数据层面，确保只有经过授权的用户可以访问相关数据。在终端层面，身份认证用于防止未经授权的设备接入。在应用、系统和网络层面，用户和管理员需要通过用户名、密码或数字证书等进行身份验证。在物理防护层面，需要对访问关键设施的人员进行身份验证。

（2）访问控制

访问控制管理用户和设备对数据、应用、系统和网络的访问权限。在数据和终端层面，可以使用访问控制列表、数据分类和标签等手段，来控制数据和设备的访问权限。在应用、系统和网络层面，访问控制主要通过角色权限管理和网络访问控制来实现。在物理防护层面，访问控制则通过物理安全控制来保障关键设施的安全。

（3）安全控制

安全控制用于预防、检测和应对威胁和攻击。在数据层面，安全控制主要包括数据加密和防篡改。在终端层面，包括定期更新和安装安全补丁、防病毒软件。在应用和系统层面，包括编程技术的安全性保证、定期进行系统更新和补丁管理。在网络层面，包括对网络流量进行加密，防止数据在传输过程中被窃取或篡改。在物理防护层面，通过视频监控、警报系统等手段进行实时的安全监控。

（4）监控审计

监控审计用于跟踪和记录用户和设备的行为，以便在发生问题时进行分析和调查。在所有层面，都需要对相关行为进行实时监控和记录，发现并处理异常行为，可以对数据访问行为、设备状态和活动、应用行为、系统状态和事件、网络流量以及关键设施的访问行为进行监控和审计。

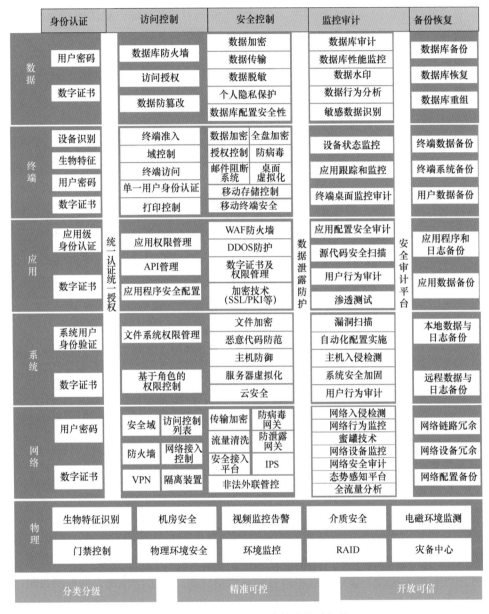

	身份认证	访问控制	安全控制	监控审计	备份恢复
数据	用户密码 数字证书	数据库防火墙 访问授权 数据防篡改	数据加密 数据传输 数据脱敏 个人隐私保护 数据库配置安全性	数据库审计 数据库性能监控 数据水印 数据行为分析 敏感数据识别	数据库备份 数据库恢复 数据库重组
终端	设备识别 生物特征 用户密码 数字证书	终端准入 域控制 终端访问 单一用户身份认证 打印控制	数据加密　全盘加密 授权控制　防病毒 邮件阻断系统　桌面虚拟化 移动存储控制 移动终端安全	设备状态监控 应用跟踪和监控 终端桌面监控审计	终端数据备份 终端系统备份 用户数据备份
应用	应用级身份认证 数字证书	应用权限管理 API管理 应用程序安全配置	WAF防火墙 DDOS防护 数字证书及权限管理 加密技术（SSL/PKI等）	应用配置安全审计 源代码安全扫描 用户行为审计 渗透测试	应用程序和日志备份 应用数据备份
系统	系统用户身份验证 数字证书	文件系统权限管理 基于角色的权限控制	文件加密 恶意代码防范 主机防御 服务器虚拟化 云安全	漏洞扫描 自动化配置实施 主机入侵检测 系统安全加固 用户行为审计	本地数据与日志备份 远程数据与日志备份
网络	用户密码 数字证书	安全域　访问控制列表 防火墙　网络接入控制 VPN　隔离装置	传输加密　防病毒网关 流量清洗　防泄露网关 安全接入平台　IPS 非法外联管控	网络入侵检测 网络行为监控 蜜罐技术 网络设备监控 网络安全审计 态势感知平台 全流量分析	网络链路冗余 网络设备冗余 网络配置备份

（统一认证统一授权）（数据泄露防护）（安全审计平台）

物理	生物特征识别	机房安全	视频监控告警	介质安全	电磁环境监测
	门禁控制	物理环境安全	环境监控	RAID	灾备中心

分类分级　　精准可控　　开放可信

图 3-6　电力企业数据安全技防体系架构

（5）备份恢复

备份恢复是为了在发生故障或攻击时，快速恢复数据、应用、系统和网络到正常状态。在所有层面，都需要定期备份数据、配置或者状态。这些工作包括但不限于数据备份、设备配置备份、应用数据和配置备份、系统配置和关键数据备份、网络配置备份以及关键设施的状态检查和应急恢复计划。

总之，电力企业数据安全技防体系需要综合运用这五个维度的技术从下到上进行全面保护。在实施这一防护体系的过程中，必须确保每一个环节、每一层次的安全控制措施得到有效执行，形成立体化、多层防护的安全防线，以应对各种可能的安全威胁，确保电力企业的数据安全。

3.2.1　数据分级分类安全防护

本书的 3.1.3 节中介绍了如何从管理的角度实施电力数据的分类分级管理，本节则在其基础上，从技术防护角度说明电力企业如何按照分级分类要求实现对数据的差异化防护。

（1）数据层

根据电力数据的分类和分级，对不同级别的数据采取不同的安全措施，并制定不同级别数据的安全策略，包括访问控制、加密要求、备份恢复等，以确保不同级别的数据得到不同的保护。例如对敏感数据进行加密，确保数据在传输和存储过程中的安全性；也可以根据分类分级制定不同的备份策略，定期对重要数据进行备份，并测试数据恢复能力，以防止数据丢失和损坏。

（2）终端层

结合分类分级情况，对涉及不同等级数据的电力终端设备采取不同的安全控制措施。以涉控、涉敏终端为例，由于采集数据为控制数据或敏感数据，往往需要更为严格和可靠的身份认证机制，如双因素认证、生物特征识别等，以确保只有授权人员能够访问终端设备；还需要更严格的安全控制措施，包括文件加密、数据加密传输、应用程序安全等，以保护敏感数据的机密性和完整性；另外还需要实施更加严格的监控和审计措施、建立可靠的数据备份机制和恢复策略等，甚至包括更严格的设备存放等物理安全保障，以防止未经授权的人员接触和篡改终端设备。

（3）应用层

应用系统是数据的加工和利用的场所，应结合应用系统的功能和涉及数据的敏感程度，通过访问控制、安全控制和监控审计等措施，确保应用系统的安全性和可靠性，防止数据被恶意利用或篡改。建议根据用户身份和数据分类，实施严格的访问控制策略，限制用户对应用系统的访问权限，还应实施安全控制措施，如输入验证、访问日志记录和异常检测等。

（4）系统层

系统是数据安全的核心，是数据安全的基石，应通过身份认证、安全控制和备份恢复，确保系统的安全性和可靠性，保障数据的完整性和可用性。如设置合适的访问控制策略，限制不同用户对操作系统的访问权限，并加强系统自身安全配置，包括更新补丁、关闭不必要的服务和强化身份认证机制等。

（5）网络层

网络层作为数据流动的安全通道，建议电力企业务必做好网络隔离。通过区分电力企业内部网络和外部网络两大区域，根据数据分级分类情况，按要求进行存储及保护。例如，在企业对外网络边界处部署防火墙、Web 应用防火墙、攻击检测等安全防护设备；在数据域部署数据库审计、数据脱敏、数据水印等技防措施；在跨大区的边界处部署安全隔离装置，用于不同大区间的数据安全交互；在第三方专线接入边界上，部署数据安全交换装置，用于第三方专线业务及终端数据安全接入。

另外还可以通过防火墙、入侵检测系统等技术，对网络流量进行检测和过滤，确保只有授权的用户和设备可以访问网络资源，并实施实时的网络安全监控和日志审计，结合态势感知平台等手段，及时发现和响应网络安全事件和数据安全事件。

（6）物理层

物理安全保障是守护电力数据安全的最后防线，建议电力企业通过门禁系统、摄像监控等技术，限制对数据中心、机房和其他敏感区域的物理访问；还可以采用硬件安全措施，如加密存储设备、安全芯片和物理锁等，保护存储介质和硬件设备的安全性。通过物理访问控制、硬件安全控制和灾备恢复，确保数据中心和设备的安全性和可用性，防止物理攻击和灾难造成的损失。

3.2.2 数据安全精准防护

数据安全精准防护是一种针对数据安全风险的高级防护策略，旨在通过精确识别应对各类安全威胁，有效保护数据的机密性、完整性和可用性。电力企业可从以下几点着手做好数据安全精准防护。

（1）为保证数据一致性和数据源头可追溯性，建议数据采用单点写入。

（2）商密数据应采用国密算法加密存储于内部网络区域，禁止在外部网络传输、存储和处理。商密数据按需脱密脱敏处理后，可转换为一般数据存储于外部网络。

（3）企业重要数据原则上应存储于内部网络，需临时存储于外部网络的企业重要数据应遵循最小化原则。企业重要数据在内部网络应加密存储，如有需要，可经过脱敏感处理后，可转换为一般数据长期存储于外部网络。

（4）一般数据可长期存储于信息外网和信息内网，采取通用安全保护措施进行适度防护。

（5）应根据业务访问需要、数据读写频率等设置数据库和业务功能模块的部署区域，偏重于对外业务的数据库和功能模块部署于外部网络，如掌上电力客户缴费数据和服务；偏重于系统业务的数据库和功能模块部署于企业内部网络，如用电信息采集系统的数据和服务。

（6）在外部网络部署应用数据库的业务系统应进行备案，企业应重点对外部网络部署的数据库进行安全性检查。

（7）商密数据和企业重要数据不再继续使用时，应采取不可逆措施及时销毁，确保数据不可恢复，防范数据泄露。

（8）企业内部网络的桌面终端离线导出数据时应采取安全 U 盘，终端保密措施按照保密要求实施。

3.2.3　数据交互开放可信

数据交互开放可信是指在数据交互的过程中，确保数据的可信性和安全性，同时保持数据的开放性和可访问性。笔者从数据交互的几个常见环节给出以下建议。

（1）数据同步。模型类数据原则上应在企业内部网络生成、修改和删除，并根据实际需求定期增量同步至外部网络使用。对于那些对内对外业务都需要频繁读取的数据，如果访问实时性要求低且数据修改频率低，可采用数据同步机制，先将数据存储于访问频率较高的区域，再通过隔离装置同步至另一区域。对访问实时性要求高的业务，因跨大区数据同步存在延时有可能导致实时访问数据不一致，不建议采用数据同步；对于数据修改频率高的业务，如果采用同步机制会产生大量跨隔离装置同步操作，不建议采用数据同步。以上情况应将数据存储于访问频率较高的区域，另一区域通过安全隔离装置实现数据实时访问。

（2）数据复制。数据复制后生成的数据与源数据同级别，要采取相应安全措施进行保护。

（3）数据备份。进行数据备份时，应在同一区域内备份，为减轻跨区数据传输压力，禁止跨区域进行数据备份。

（4）数据对外导出。为防止数据泄露，应收缩汇集数据导出出口。重要数据脱离企业网络环境对外提供时，应采取数据内容防泄漏、数据脱敏、数字水印和数据审计等措施，实现数据泄露和多权主体数据导出异常行为可追溯。从企业内部网络在线导出数据时，应有隔离措施，确保内外网隔离安全。数据对外导出时应符合企业相关保密要求。

（5）数据内部分析测试。从生产环境导出企业重要数据用于企业内部系统测试或数据分析时，应结合业务需求对企业重要数据进行脱敏并添加数字水印，确保外部测试或分析人员越权复制数据导致的泄露行为可追溯。

（6）数据在线浏览。从外部网络在线浏览企业重要数据时，应根据用户权限进行差异性实时脱敏并添加与用户对应的页面数字水印，确保因拍照或截屏造成的数据泄露行为的可溯源。

3.3　如何做好电力企业数据安全运营及服务

建立数据安全运营保障工作机制，持续开展安全监测、安全评估、安全审计等运营工作，持续优化提升数据安全管控与技术防护能力。

3.3.1　数据安全监测

数据安全监测是借助技术手段对数据全生命全场景进行安全监测，将重要敏感数据目录转换为可识别、可追溯的敏感数据或重要数据对象。依托数据分类分级、敏感数据识别和数据标识等技术工具，构建全链路数据流转安全监测体系，掌握这些数据在网络中的存储位置，以及被访问、获取、共享和分发的动态流转情况；将监测信息和监督检查信息会同其他部门进行分析研究与风险评估，按照规定发布安全风险预警或信息通报。数据安全监测各环节的要点如下。

（1）重要敏感数据特征定义。重要敏感数据特征定义是数据分类分级动态管理的关键技术，需要分析每一种重要敏感数据在网络中的电子化特征。数据特征是多维度的，且需是清晰、可识别、没有二异性的，例如文件类型、文件大小、文件指纹、关键字、正则表达式和编码规则等。

（2）重要敏感数据扫描发现。利用数据梳理工具，采用主动扫描手段对指定网段内数据库、文件服务器等存储的数据发起扫描，通过特征匹配，识别数据库和文件服务器中所包含的敏感文件、重要数据的分布目录，以分布目录形成重要敏感数据分布字典。

（3）涉数账号底账管理。账号是访问数据的钥匙，是数据的重要关键资产。采用账号发现及分析工具，可实现相关账号底账动态管理的功能。周期性扫描发现数据资产开设的访问账号情况，及时发现并关停未经审批而开设的幽灵账号、长期不使用的休眠账号、离岗离职人员的账号，从源头上化解诸多由于账号管理不完善造成的风险。

（4）敏感数据流转管控。知道重要数据的位置后，还要掌握数据流转情况。因此，需要有针对性地部署监控工具和策略。监控工具同样需要利用定义的数据特征去识别这些重要敏感数据被访问、共享、分发的情况，并进行持续动态监控。梳理出数据访问源、数据流转去向、形成新的存储节点及其下游数据节点。为确保重要数据资产访问均为授权行为，应为每个重要数据资产维护授权访问的白名单信息，对于新增的访问源需进行准入确认，对于长期不活跃的访问源进行下线确认。

3.3.2　数据安全评估

根据《中华人民共和国数据安全法》以及各行业相关标准要求，数据安全评估是开展数据安全治理工作的基础。如果没有合适的数据安全评估方法和体系，就难以有针对性地摸清所有面临的安全风险，也无法评估现状与法律合规要求的差距。针对电力企业的核心数据和重要数据，电力企业应自行或委托第三方专业安全支撑团队，每年至少开展一次数据安全评估，及时整改风险问题，向地方工业和信息化主管部门报送评估报告。此外，应在新业务上线、数据迁移、数据出境、数据提供、委托处理等过程前，启动数据安全评估工作，分析可能存在的风险、造成的问题和影响等，并形成相应的数据安全评估报告。数据安全评估可以分为以下四步。

第一步：数据资产识别评估。依据"三法一条例"[①]，参考《信息安全技术—政务信息资源安全分级指南》（T/GZBD 6-2020）《网络安全标准实践指南—网络数据分类分级指引》（TC260-PG-20212A）等标准规范，电力企业结合自身实际，发现梳理敏感数据，按照数据特征和数据样本，建立数据分类分级资源清单、资源备案，盘清不同级别的敏感数据资产分布。针对敏感数据的"采传存用"各个阶段，分析业务逻辑架构，梳理数据流向，掌握业务数据流的关键节点，形成企业"数据地图""流向导航"，帮助企业全面了解敏感数据分布和数据流向分析图。

第二步：风险态势分析评估。针对业务数据流，应用数据安全威胁库，开展敏感数据流转过程中的动态安全风险分析，重点以数据泄露、数据篡改、数据不可用等为要素的业务数据流安全威胁。通过人工核查、工具监测、渗透测试、文档查阅等方式，开展对外接口访问、生产运维区域访问、数据生命周期等数据风险分析，分析管理及技术层面在数据安全管理、系统运维管理、数据库、数据应用等数据安全脆弱性节点，确定数据安全脆弱性分布。

第三步：模拟攻击测试评估。基于业务数据的调研评估情况，建立具有安全防护设备、与实际场景相同的模拟测试环境；通过开展模拟攻击测试发现实际环境下业务数据存在的安全风险威胁。制定模拟攻击战术，开展勒索攻击等数据安全威胁场景模拟攻击测试；通过对数据流的产生、收集、数据、交互、渗出、销毁等过程威胁进行数据安全攻击模拟，找出数据流转中漏洞和问题。

第四步：安全风险识别评估。根据安全风险态势分析评估、模拟攻击测试评估的结果，分析业务数据全生命周期过程中的风险威胁；按照风险威胁的严重程度定级分类，定量计算输出风险值，综合形成数据安全评估结果。根据结果输出风险事件清单和告警信息，有针对性地开展安全能力提升完善工作，补全数据在采集、传输、存储、共享等各环节安全防护措施。

---

① 《中华人民共和国网络安全法》《中华人民共和国数据安全法》《中华人民共和国个人信息保护法》《关键信息基础设施安全保护条例》。

3.3.3 数据安全审计

数据安全审计是指对企业的数据安全状况进行全面审计的过程，主要通过收集、分析和评估相关的安全事件和日志，以监控数据的使用情况，评估数据安全的状况。目前，数据安全审计常使用抽取事件规则技术，通过利用系统内部各种结构，如程序表、控制流等结构，不断修改、优化和完善数据审计策略，形成相应的策略规则库。

数据安全审计主要包含以下四个阶段：一是明确数据安全审计的目标，确定审计的范围和方式；二是建立数据安全审计标准，并结合企业的实际情况制定审计程序，根据审计标准和程序，收集审计数据和信息，对企业的数据安全状况进行全面审计；三是分析审计数据和信息，发现存在的问题和风险，并确定数据安全风险等级；四是制定数据安全风险应对方案，并落实整改措施，以消除或控制数据安全风险。

3.4 本章小结

数据安全保障不仅需要技术措施，也需要服务支撑，更需要管理手段。本章我们从数据安全管理、数据安全技术防护以及数据安全运营服务三个维度给出了电力企业数据安全保护体系的建设思路，三个维度共同构建出一个全方位、多层次的保护体系。

在构建一个完善的数据安全防护体系过程中，如何运用各种数据安全防护技术来筑牢这个防护体系是电力企业面临的一个巨大挑战。数据安全防护技术涵盖的范围广泛，每一种技术都有其独特的应用场景和防护效果，对这些技术进行深入理解才能根据实际情况选择和组合最适合的技术，有助于电力企业更好地应对各种复杂多变的数据安全威胁。

【淬火】对剑身加热至高温后快速冷却的处理工艺，反复淬火可以大幅提高金属的刚性、硬度、韧性和抗疲劳强度。网络安全防护技术，如同淬火，为数据安全保驾护航，大幅提升了数据安全保障能力。

Chapter 4 | 第四章|

淬火：电力数据安全防护技术

网络攻击技术和数据安全防护技术如同一对"矛"与"盾"，相互对立又相互促进，相互制约又相互推动。当前，虽然网络攻击技术层出不穷，但基于新技术的数据安全防护技术也不断涌现，使得"矛"与"盾"的较量难以分出胜负。

随着数字化时代的到来，数据已经成为了我们生产、生活和交往中不可或缺的重要组成部分。然而，随之而来的是数据泄露、篡改、丢失等安全问题的频繁发生，这些问题给社会带来了不可忽视的负面影响。电力企业作为重要的基础设施行业，拥有着海量的数据，这些数据事关国家安全和人民隐私。因此，利用传统或者前沿的数据保护技术进行保护显得尤为重要。

4.1 传统数据安全保护技术

本节将围绕传统数据安全保护技术在电力企业中的应用，对其原理、技术要点及实际应用进行详细介绍。

4.1.1 边界防护

边界防护指通过在网络边界处设置一系列安全措施来保护企业或组织的网络安全。边界防护技术旨在阻止未经授权的网络访问和恶意攻击，从而保护企业或组织内部网络免受外部威胁的侵害。

1. 边界防护技术原理

目前边界防护技术主要包括以下三个方面。

（1）依据预先设定的安全策略，通过检查数据包的源 IP 地址、目标 IP 地址、端口号等信息来决定是否允许传输，从而防止恶意的数据进入内部网络。

（2）通过分析网络流量和系统日志，识别异常行为和已知攻击签名，采取相应措施以阻止潜在的攻击，并防止攻击者进一步入侵网络。

（3）将网络划分为多个区域或子网，以限制不同部分之间的通信。通过将网络划分为逻辑上隔离的子网，攻击者在入侵一部分网络后将不会轻易扩散到其他部分。网络隔离可以通过虚拟局域网（Virtual Local Area Network，VLAN）或物理隔离实现。

2. 边界防护技术要点

（1）安全策略制定与更新：制定合理的安全策略是边界防护技术实施的关键。电力企业应根据自身业务需求和网络结构，制定详细的安全策略，包括访问控制、数据包过滤、异常行为阻断等。此外，安全策略应根据电力系统的变化和威胁情报的更新，进行定期调整和优化，以确保边界防护技术的有效性。

（2）系统集成与管理：电力系统往往需要部署多种边界防护设备，如防火墙、入侵检测系统（Intrusion Detection System，IDS）和入侵防御系统（Intrusion Prevention System，IPS）等。为提高安全管理效率，电力企业应实施统一的安全设备管理平台，实现各设备的集成与协同，包括策略配置、事件监控、报警处理等。此外，通过与其他安全系统（如SIEM①系统）的集成，可进一步提高安全防护水平。

（3）性能与可靠性：边界防护设备应具备高性能和高可靠性，以确保在大流量、高并发的电力企业环境下正常运行。此外，设备应具备容错和冗余设计，以防单点故障导致整个边界防护系统失效。

3. 边界防护技术在电力行业中的实际应用

（1）分区分域横向隔离：电力企业的网络区域可按照服务对象、涉及业务、系统类型划分为不同安全层级和功能区域。对不同区域之间采用专用隔离装置，用于确保数据从受保护的安全区域传输至非安全区域，阻止反向数据流，降低恶意攻击和数据泄露的风险。区域内部按照功能再次划分，通过严格的访问控制策略确保数据在规定区域内流动。

（2）传统网络边界安全防护：通过在边界处部署流量分析设备、防火墙、Web 应用防火墙（Web Application Firewall，WAF）、IPS、终端安全检测与响应（Endpoint Detection and Response，EDR）等设备，根据最小化原则设置访问控制，建立从应用层、平台层、网络层、感知层多层次的访问控制体系，实时监测并自动化封禁恶意攻击 IP 地址和域名。

4.1.2 身份认证及访问控制

身份认证和访问控制是电力企业的数据安全保护的重要组成部分，通过对用户身份进

---

① 安全信息和事件管理系统（Security Information and Event Management System，SIEM）：SIEM 是一种安全解决方案，可帮助组织及早识别潜在的安全威胁和漏洞，以免业务运营遭受破坏。

行严格验证并限制访问权限，确保只有授权用户能够访问特定资源，从而保护电力企业的关键数据和系统。在实际应用中，电力企业应结合自身业务需求和安全风险，选择合适的认证方式和访问控制策略。

1. 身份认证技术原理

身份认证技术主要通过以下四个方面达到保证身份真实的目标。

（1）静态密码认证：静态密码认证是一种基于用户名和密码的认证方式。用户在访问电力企业系统时，需要提供预先设定的用户名和密码进行身份验证。虽然静态密码认证易于实施，但其安全性相对较低，容易受到暴力破解、社会工程学等攻击手段的威胁。

（2）动态密码认证：动态密码认证是一种基于 OTP[①]的认证方式。用户需要使用硬件令牌或软件令牌生成动态密码进行身份验证。由于动态密码具有时效性和唯一性，其安全性较静态密码认证有明显提升。

（3）证书认证：证书认证是一种基于 PKI[②]的认证方式。用户需持有由可信数字证书颁发机构（CA）签发的数字证书进行身份验证。证书认证提供了较高的安全性和可靠性，可防止中间人攻击和伪装攻击等威胁。

（4）生物特征认证：生物特征认证是一种基于生物特征（如指纹、虹膜、面部识别等）的认证方式。由于生物特征具有唯一性和不可复制性，生物特征认证在安全性方面具有明显优势。然而，其实施成本较高，且可能面临隐私泄露等问题。

2. 访问控制技术原理

访问控制技术主要包括以下五个方面。

（1）入网访问控制：通过控制登录服务器并获取网络资源的用户，以及控制准许用户入网的时间和准许用户入网工作站的方式，为网络访问提供安全保护的一种措施。将用户的入网访问分为三步：①用户名的识别与验证；②用户口令的识别与验证；③用户账号的默认限制检查。用户只有全部通过这三道关卡才可进入网络。

（2）网络权限控制：是指通过限制用户和用户组访问目录、子目录、文件和其他资源的权限，达到减少非法操作目的的一种安全保护措施。技术实现方式可分为受托者指派和继承权限屏蔽。受托者指派限制用户和用户组如何使用网络服务器的目录、文件和设备。继承权限屏蔽相当于一个过滤器，限制子目录从父目录继承哪些权限。

（3）目录级安全控制：是指通过确定用户在目录一级的权限，实现网络安全控制的技术手段。网络管理员为用户确定合适的访问权限，通过这些访问权限限制用户对服务器的访问。多种访问权限的有效组合可以让用户顺利完成工作，同时又能有效地限制用户对

---

① 动态口令（One-Time Password，OTP）：OTP 是使用密码技术实现的在客户端和服务器之间通过共享秘密的一种认证技术，是一种强认证技术。

② 公开密钥基础设施（Public Key Infrastructure，PKI）：PKI 是利用公开密钥机制建立起来的基础设施。

服务器资源的访问，从而加强网络和服务器的安全性，防止数据的泄露。

（4）属性安全控制：是一种保护网络数据安全的技术手段，通过为文件、目录等指定访问属性的方式来实现。首先，为网络数据资源标定一组安全属性，然后根据用户对网络资源的访问权限建立访问控制表，以明确和实现用户对网络资源的访问能力和权限。属性设置可以覆盖已指定的任何受托者指派和有效权限。

（5）服务器安全控制：通过设置口令锁定服务器控制台，以及限制服务器登录时间、进行非法访问者检测和关闭的时间间隔等方法，以防止非法用户修改、删除重要信息或破坏数据的数据安全保护措施。

3．身份认证及访问控制技术要点

（1）身份管理平台：电力企业应建立统一的身份管理平台，实现用户身份信息的集中管理和授权。通过身份管理平台，企业可实施统一的认证策略，简化用户管理流程，提高安全管理效率。

（2）访问控制策略：电力企业应根据业务需求和安全风险，制定详细的访问控制策略。策略应包括角色定义、权限分配、访问条件等内容，并根据实际情况进行调整和优化。

4．身份认证及访问控制在电力企业中的实际应用

（1）访问控制：笔者以电力交易平台为例说明访问控制技术在电力企业内的实际应用。电力交易平台主要负责发电企业与售电公司或电力用户之间通过市场化方式进行的电力交易活动。平台采用账号密码、证书认证和短信认证相结合的方式，确保授权用户登录及开展对应权限的交易，用户登录系统需要通过账号密码和专用证书进行双重验证，证书通过 CA 机构发放，确保访问者身份的合法性。

（2）身份认证：对于海量电力物联网终端接入来说，如充电桩、无人机等物联终端，可依托运营商 4G 或 5G 网络使用 VPN 技术通过建立虚拟专用网络。首先将用户访问发送到安全接入网关，安全接入网关对信息进行身份认证并构建加密传输通道，确保数据在传输过程中不会被窃听、篡改或伪造，再经过隔离装置实现网络隔离、报文过滤等安全功能，实现物联终端安全接入。

4.1.3　数据安全审计

通过实时监控、记录和分析数据访问、操作和传输等活动，电力企业可以发现异常行为和安全威胁，及时采取防范措施。在实际应用中，相关企业应建立统一的审计数据采集与整合机制，制定详细的审计规则和策略，并利用大数据分析和机器学习技术提高审计效率。通过有效应用数据安全审计技术，能够提高整个电力系统的安全防护水平。

1. 数据安全审计技术原理

数据安全审计技术主要包括以下五个方面。

（1）日志审计：日志审计是通过收集、存储和分析系统、网络和应用程序产生的日志数据，以发现异常行为和安全事件。日志审计可以帮助了解电力系统运行状况，及时发现潜在问题，为安全决策提供依据。

（2）行为审计：行为审计关注用户在系统内的具体操作行为，如数据访问、修改、删除等。通过对行为进行实时监控和记录，负责电力企业数据安全的部门可发现不符合安全策略的操作，及时采取防范措施。

（3）网络安全审计：网络安全审计关注电力企业内部和外部的网络通信安全，包括对网络设备（如路由器、交换机和防火墙）的配置审计、网络流量监控和分析以及对网络安全事件的响应和调查。

（4）系统安全审计：系统安全审计涉及对操作系统和应用程序的安全性进行评估，包括对系统配置、补丁管理、权限设置和日志记录的审计，以及对潜在的安全漏洞和威胁的识别和修复。

（5）数据库审计：数据库审计主要针对常见数据库（如 SQL Server、Oracle、MySQL、MongoDB 等）的各项操作进行审计，如增、删、改、查等操作。同时针对数据库的密码强度、安全协议、账号等信息进行审计。

2. 数据安全审计技术要点

（1）审计数据采集与整合：电力企业应建立统一的审计数据采集与整合机制，以实现对不同系统、设备和应用产生的审计数据的集中管理。通过对审计数据整合，电力企业可以对多个数据源进行关联分析，发现潜在的安全威胁和问题。

（2）审计规则与策略：电力企业应根据业务需求和安全风险，制定详细的审计规则和策略。审计规则和策略应包括日志收集范围、行为监控类型、异常阈值等内容，以实现精准的安全审计。

（3）大数据分析与机器学习：利用大数据分析和机器学习技术，电力企业可以对海量审计数据进行高效处理和智能分析，自动识别异常行为和安全威胁，从而提高审计效率，降低误报率和漏报率。

3. 数据安全审计技术在电力企业中的实际应用

（1）数据监测：以电力企业的数据中台为例，可以通过建立数据中台统一数据出口，根据数据负面清单、数据分类分级对出口流量设置风险控制策略从行为、权限、访问对象多维度进行监测，依托 Storm 计算引擎实时进行特征检测及审计规则检测，监控预警任何尝试的攻击或违反审计规则的行为，实时保护端点或网络中传输和外发数据，实时预警和阻止数据被泄露的行为发生。

（2）数据库安全审计系统：以发电厂为例，温度、压力、水位等大量的运行数据需要被实时监控和分析，这些数据通常存储在数据库中。通过使用数据库安全审计系统进行行为审计，限制非授权人员对关键数据的访问，确保这些敏感和关键的数据不被未经授权的人员访问或修改；同时，任何对这些数据的操作都将被记录和审计。再如，电力调度系统中利用数据库审计系统实现对高危操作的识别，通过异常检测和行为审计，当有异常访问或操作行为时，系统会立即发出警告，保证电力调度数据的安全。

4.1.4　数据脱敏

随着电力企业信息化推进，电力企业内部不同部门甚至是跨组织、跨区域间的电力数据共享场景越来越普遍。保障共享场景中的数据安全，其中涉及的关键技术就是数据脱敏。数据脱敏工具可以有效防止企业内部对隐私数据的滥用，防止隐私数据在未经脱敏的情况下从企业流出，既能满足企业保护隐私数据的需求，同时又保持企业监管合规性。

1. 数据脱敏技术原理

数据脱敏是指在从原始环境向目标环境传输敏感数据的过程中，采用特定方法消除原始数据中的敏感信息，同时保留目标环境所需的数据特征或内容，从而完成数据处理的过程，主要方法如下。

（1）仿真：根据敏感数据的原始内容生成符合原始数据编码和校验规则的新数据，使用相同含义的数据替换原有的敏感数据，例如姓名脱敏后仍为有意义的姓名，住址脱敏后仍为住址（但都是虚假的，不会暴露用户真实信息）。仿真算法能够保证脱敏后数据的业务属性和关联关系，从而具备较好的可用性。

（2）数据替换：用某种规律字符对敏感内容进行替换，例如特殊字符、随机字符、固定值字符等。该方法打乱了原有语义和格式，从而破坏了数据的可读性。

（3）数据截取：数据截取是指对原始数据选取部分内容代替原有数据，即现有数据是原有数据的一部分。

（4）数据混淆：数据混淆是将敏感数据的内容进行无规则打乱，从而在隐藏敏感数据的同时能够保持原始数据的组成方式。

2. 数据脱敏技术要点

（1）去标识化：将识别为敏感数据的信息利用上述技术处理，使得在不借助额外信息的情况下，无法识别个人信息主体。

（2）匿名化：通过对个人信息的技术处理，使个人信息主体无法被识别或关联，且处理后的信息不能被还原。

3. 数据脱敏技术在电力行业中的实际应用

（1）应用场景 1：数据脱敏。对于输电移动作业涉及的运维检修业务流程数据、现场作业采集数据（移动巡检、可视化、无人机等多类技术手段）、电力系统资源数据等数据，采用静态脱敏和动态脱敏两种方式。原始敏感数据驻留在底层存储库中，并且在应用程序访问时按策略授权进行数据提供，没有权限访问敏感信息的用户和应用程序提供了脱敏数据。动态脱敏不会更改底层存储库中的数据，如需要提供输电移动作业数据可通过动态脱敏。根据不同用户权限对设备名称等属性台账采用删除、遮蔽、替换等手段对敏感数据进行变形，实现敏感数据的可靠保护。

（2）应用场景 2：某电力企业的营销服务系统中使用了数据脱敏技术，通过敏感数据智能识别组件学习和训练已发布的负面清单规则，利用敏感数据自动感知、业务场景自动识别，准确识别敏感数据的交互过程。当电力企业需要处理用户个人信息时，敏感数据智能识别组件首先会根据已训练好的负面清单规则，识别出所有的敏感数据。然后，这些敏感数据会被数据库或应用系统进行脱敏处理，例如，客户的电话号码可能会被替换为星号，或者被替换为一个随机生成的虚假号码。经过数据脱敏后，即使数据被泄露，攻击者也不会轻易得到客户的个人信息。

4.1.5 数据追踪溯源

从以往发生的企业数据网络安全事件来看，企业内部文件很有可能被非法盗取和篡改，造成严重后果。尤其是对于电力行业等国家基础设施行业，需要妥善解决信息安全问题。因此，数字水印技术被应用于电力系统中，它可以帮助企业更好地跟踪数据，确保数据的安全性和完整性。

1. 数据追踪溯源技术原理

数据追踪溯源技术是一种用于确定数据来源、保证数据完整性、确认数据所有权的技术，主要通过在数据中嵌入数字水印等信息，实现对数据的标识和追踪。在电力系统中，数字水印技术主要用于生成数据指纹。当发现未经授权的复制操作导致数据泄露时，通过检索"指纹"，可以了解数据创建者、使用者等信息；当数据被篡改或是被非法应用时做到有效溯源，从而实现数据的安全，数据水印生成过程及数据溯源过程如图 4-1 所示。

2. 数据追踪溯源技术要点

（1）透明性：水印是不可见的，水印的加入不会对原始文件造成任何影响。

（2）安全性：嵌入的水印算法在抵抗攻击方面具有很好的性能，水印信息可以被顺利提取，隐藏的信息不会轻易地被破坏。

（3）不可检测性：水印等隐藏信息不会被非法拦截者获取。

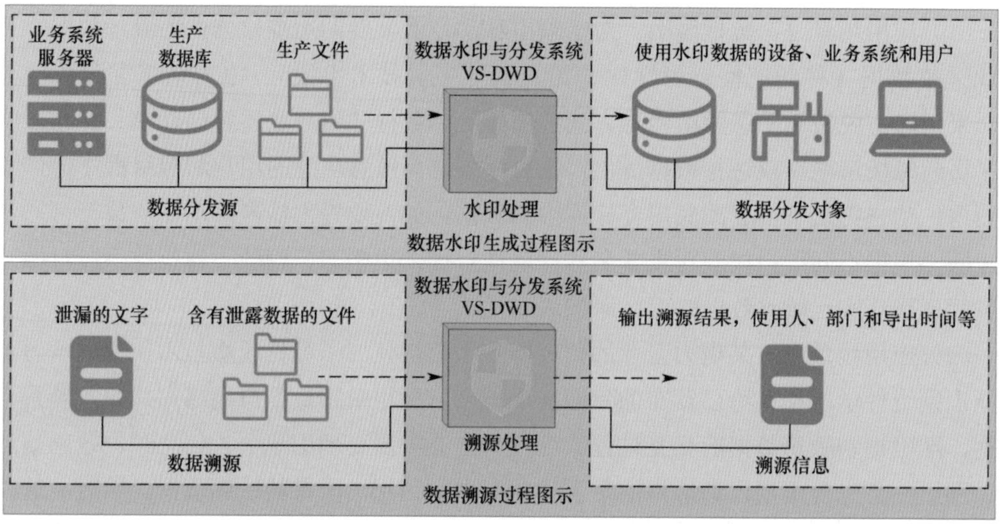

图 4-1　数据水印生成过程及数据溯源过程

3. 数据追踪溯源技术在电力行业中的实际应用

（1）数字水印：电力企业在处理公文时，临时存储的数据对公文正文、附件等非结构化数据采用数字签名进行加密传输，在客户端浏览时采取内容防截屏、防复制、数字水印等措施，保障办公业务安全。在数据导出时，对导出的文本文件、音视频文件、图形文件等电子文件进行打标签、加水印、植入溯源种子的方式。水印信息具有一定的隐秘性、不对外显示，用于记录数据流转的过程及泄露时能确认具体的泄露节点及责任人，以此进行数据泄露的审计和跟踪，实现对电子文件全生命周期的行为可追溯和审计。

（2）隐形水印：某电力企业的营销服务系统采用结构化和非结构化隐形水印，实现数据泄露后精准溯源。结构化数据中采用数值低噪声变换、字符位变换等方式添加隐形水印密钥，在不显著改变原始数据条件下实现全量或片段数据泄露的精准溯源。非结构数据中通过图片傅里叶变换、矢量水印等算法添加隐形水印密钥，对电子文档类数据交换过程中进行实时水印嵌入和溯源。

4.1.6　数据加密

在电力系统中，各个发电厂、变电站、调度中心等电力企业每天都有大量的重要信息在发送和接收，如果这些重要信息在传输过程中泄露，很容易被不法分子利用，引起大范围的停电等重大安全事故或者电力系统故障。目前最常用的保护方式就是在数据传输的过程中添加密码，保障电力系统数据传输的安全性与可靠性。

1. 数据加密技术原理

数据加密技术是一种保护数据安全性和隐私性的技术，通过对数据进行加密，将数据转化为密文形式，防止未经授权的人员或恶意攻击者获得敏感信息。数据加密技术采用特定的算法对数据进行加密，只有拥有相应密钥的人才能解密获得明文数据。电力行业数据由于涉及敏感数据及能源安全等非常重要的数据，需要采用数据加密技术，实现信息的隐蔽传输，保护数据的完整性与机密性。

2. 数据加密技术要点

（1）密钥生成和管理：密钥生成和管理技术是数据加密技术中的重要组成部分，它包括密钥生成、存储、分发和更新等方面，通过使用安全的密钥生成和管理技术，以确保数据的保密性、完整性和可用性。同时，也是整个加密系统中最薄弱的环节之一，如果密钥管理不当，就会导致密钥泄露，从而直接导致明文内容的泄露，造成不可挽回的损失。

（2）保证数据完整性：在数据传输过程中，通过巧妙的协议设计，结合相关校验方法，保证发送端加密的数据与接收端解密的数据是完全相同的，如果数据在传输过程中被篡改、或部分丢失则数据完整性被破坏，导致接收端解密失败。

3. 数据加密技术在电力行业中的实际应用

（1）密码加密存储：网上电力缴费业务用户规模庞大，涉及海量用户个人信息等企业重要数据，数据需要在信息外网区域临时存储时，为保障数据在存储中的机密性、完整性，采用国密算法加密存储，防止可能会发生授权的数据被窃取、伪造和篡改等安全风险，保障数据在存储时的安全性。

（2）数据通信加密：以电力缴费业务为例，缴费业务数据在传输时，在通信设备上部署软件密码模块或加密机，采用加密保护措施，防止数据在通过不可信或者较低安全性的网络进行传输时，发生数据被窃取、伪造和篡改等安全风险。采用 HTTPS 协议保障传输链路的加密、采用国密算法（SM2、SM3、SM4）保障业务数据安全传输等，最大限度地保障敏感数据安全通信双方建立网络连接时，软件密码模块可自动执行双向身份认证步骤，允许合法设备进行通信。

4.1.7 数字签名

数字签名是只有信息的发送者才能产生的、别人无法伪造的一段数字串，这段数字串同时也是对信息的发送者发送信息真实性的一个有效证明。数字签名技术可应用于电子商务、互联网金融、政务和企业信息系统等领域，以确保交易的安全性、保护用户的账户安全和保护敏感数据的安全。数字签名机制如图 4-2 所示。

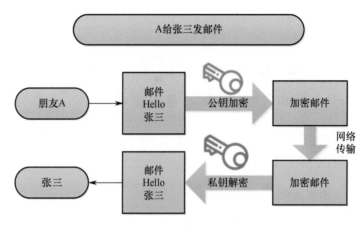

图 4-2　数字签名机制

1. 数字签名技术原理

数字签名技术的实现流程分为以下四个步骤。

（1）发送方利用哈希函数对待签名的数据进行计算得到摘要 M。

（2）发送方用自己的私钥 PK 对 M 进行加密，得到 S（这里称为签名，因为 M 不是需要加密的信息，加密的目的是签名）。

（3）发送方将原始数据和 S 一起发送给接收者。

（4）接收方利用相同的哈希函数对接收到的原始数据进行计算生成新的摘要 M_1，再用发送方的公钥对 S 解密，如果 $M=M_1$，则说明是发送方发的。

2. 数字签名技术要点

（1）基于哈希算法的数字签名与验证：发送方首先对发送文件采用哈希函数，得到一个固定长度的消息摘要；再用自己的私钥对消息摘要进行签名，形成发送方的数字签名。将数字签名和原文一起发送给接收方；接收方首先用发送方的公钥对数字签名进行解密得到发送方的数字摘要，然后用相同的哈希函数对原文进行哈希计算，得到一个新的消息摘要，最后将消息摘要与收到的消息摘要做比较。

（2）基于非对称密钥加密体制的数字签名与验证：通信一方 A 使用其私钥 SKA 对报文 X 进行 D 运算。A 把经过 D 运算得到的密文 E 传送给通信另一方 B，B 为了核实签名，用 A 的公钥进行 E 运算，还原出明文 X。

3. 数字签名技术在电力行业中的实际应用

（1）电力数据完整性保护："网上国网" App 可实现用户在线办理缴费业务，对用户支付数据，采用数字证书签名加密的方式进行传输，保证用户支付传输过程安全。

（2）电力数据传输：外网办公中对公文正文、附件等非结构化数据采用数字签名进行加密传输，保障办公数据不会被篡改和泄露。

（3）电力企业项目在线招投标：招标方使用数字证书进行系统授权，使用基于招标方的私钥对招标文件进行数字签名，具有唯一性和不可伪造性。一旦数字签名生成，招标方将其与招标文件经由系统一起发布给投标方。投标方通过系统下载标书，使用招标方的公钥来验证数字签名的有效性、完整性。之后，投标方将编制的投标书进行数字签名，并上传至系统。招标方、投标方和评标专家通过系统，就可以在线上完成电力企业项目的招投标过程。

4.1.8　数据沙箱

数据沙箱技术可以帮助电力企业保护敏感信息免受泄露或损坏，通过限制数据访问和使用，确保数据的安全和合规性。它为企业提供了一个安全的环境，以进行数据分析、建模和其他业务活动，并使电力企业能够更加安全地与外部合作伙伴共享数据。

1. 数据沙箱技术原理

数据沙箱是一种将敏感数据与外部环境隔离的技术，其主要目的是保护数据的安全和隐私。通过创建一个受控的环境，数据沙箱可以限制对数据的访问和操作，确保只有经过授权的用户和应用程序可以访问。数据沙箱的结构如图 4-3 所示：

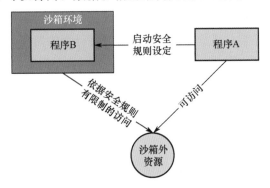

图 4-3　数据沙箱的结构

2. 数据沙箱技术要点

（1）虚拟系统程序：沙箱严格控制其中的程序所能访问的资源，例如，沙箱可以提供用后即回收的磁盘及内存空间。在沙箱中，网络访问、对真实系统的访问、对输入设备的读取通常是被禁止或是严格限制的。从这个角度来说，沙盒属于虚拟化技术的一种。

（2）隔离环境：截至 2023 年，有效沙箱基本都是在专用虚拟机上执行的，以实现在隔离的主机上运行多种操作系统安全的测试恶意软件。简言之，沙箱就是供应用执行或文件打开的安全隔离环境。官方用一个很形象的比喻说明了沙箱的原理：你的计算机是一张纸，程序的运行与改动就是在纸上写字。而沙箱相当于放在纸上的一块玻璃，程序的运行与改动只能写在那块玻璃上，而纸还是干干净净的。

（3）动态分析：由于现代恶意软件大多经过模糊处理以规避基于特征码原理的杀毒软件，在这种情况下基于内容（静态分析）的恶意代码检测技术就显得比较吃力；相反，基于行为分析（动态分析）的反恶意软件解决方案则可以很好地应对。动态分析方法是将不受信任的、具破坏力的、无法判定程序意图的程序在沙箱中运行，根据运行结果判定可疑程序是否真的为恶意软件。

3．数据沙箱在电力行业中的实际应用

（1）数据安全屋：可以构建一个包含了数据源方、算法方、数据需求方、渠道方等多种用户角色的生态系统。数据安全屋在此生态中作为一个中立的第三方，通过安全的方式引入多样性的数据源，并协调和保证各参与方能够各司其职，形成数据流通生态闭环。

（2）文件和链接的安全检查：一些电力企业员工经常面临电子邮件、附件和链接的安全风险，可以利用数据沙箱技术检查这些电子邮件、附件和链接，以判断是否存在恶意代码、恶意链接或网络钓鱼行为，帮助员工避免点击或下载可能导致安全漏洞的文件和链接。

4.1.9　数据库防火墙

数据库防火墙是一款基于数据库协议解析与控制技术的数据库安全防护系统，可以实现对数据库访问行为的控制、高危操作的拦截、可疑行为的监控、风险威胁的拦截，为数据库的安全提供可靠的保护服务。

1．数据库防火墙的技术原理

数据库防火墙通过以下五个方法实现保护数据库的功能。

（1）数据库访问控制：基于数据库防火墙的数据安全技术通过实施严格的访问控制策略，限制了数据库系统中的用户和应用程序的访问权限。只有经过授权的用户和应用程序才能访问数据库中的数据，从而有效防止了未授权访问和恶意操作。

（2）数据库审计和日志监控：基于数据库防火墙的数据安全技术通过对数据库系统中的操作进行审计和日志监控，记录数据库的访问和操作行为。通过实时监控数据库的操作日志，可以及时检测到异常操作行为，如异常的查询、更新、删除等，从而及时发现并阻止潜在的安全威胁。

（3）攻击检测和防御：基于数据库防火墙的数据安全技术通过对数据库系统的网络流量进行监测和分析，检测数据库系统中的潜在攻击行为，如 SQL 注入、跨站脚本攻击等，从而及时发现并防御这些攻击行为，保护数据库中的数据不受攻击。

（4）数据脱敏和加密：基于数据库防火墙的数据安全技术可以对数据库中的敏感数据进

行脱敏处理，例如将真实的用户信息替换为虚拟数据，从而保护用户的隐私。同时，该技术还可以对数据库中的敏感数据进行加密存储，确保数据在传输和存储过程中的安全性。

（5）异常行为检测：基于数据库防火墙的数据安全技术可以通过分析数据库系统中的操作行为和访问模式，建立正常的数据库操作行为模型，并通过监控和分析实时数据库操作行为，检测异常行为（如不符合正常行为模型的操作），从而及时发现并阻止潜在的安全威胁。

2. 数据库防火墙的技术要点

（1）配置合理的访问控制策略：数据库防火墙应设置合理的访问控制策略，限制数据库系统中用户和应用程序的访问权限。

（2）启用审计和日志监控：数据库防火墙应启用审计和日志监控功能，记录数据库的访问和操作行为。

（3）配置有效的攻击检测和防御规则：数据库防火墙应配置有效的攻击检测和防御规则，检测数据库系统中的潜在攻击行为，如 SQL 注入、跨站脚本攻击等，并采取相应的防御措施，防止这些攻击行为对数据库造成危害。

（4）实施合理的数据脱敏和加密策略：数据库防火墙应实施合理的数据脱敏和加密策略，保护数据库中的敏感数据。

（5）配置合适的异常行为检测规则：数据库防火墙应配置合适的异常行为检测规则，建立正常的数据库行为模型，并通过监控和分析实时数据库操作行为，以检测异常行为。

3. 数据库防火墙技术在电力行业中的实际应用

统一数据区域：通过在数据区域部署数据库防火墙，对访问数据库的数据流进行采集、分析、识别、屏蔽、替换、阻断、授权、身份验证和身份识别等操作，记录访问数据库的相关行为（如发送和接收的相关内容进行存储、分析和查询等），实现访问控制、漏洞防护、安全审计等功能，有效避免因外部攻击、内部非法操作以及误操作所带来的数据被窃取、被删除、被篡改等风险。

4.2 新型数据安全保护技术

就像科幻小说中的激动人心的未来世界一样，新技术、新方法在飞速发展，层出不穷的新的可用于数据安全保护技术相继出现。这就像我们正在打开一扇通向未知的大门，里面充满了奇妙的发现，如基于人工智能、区块链、零信任架构的数据安全技术。所以，戴上你的探索帽，紧跟我们的步伐，我们将深入探讨这些新兴技术的奥秘，揭示它们的工作原理，关键技术要点，以及它们在现实世界中如何发挥作用。

4.2.1　基于人工智能的数据安全技术

人工智能技术在数据安全领域的应用可以分为以下几个方面。

（1）威胁检测和预防：基于人工智能技术，可以对电力数据进行实时监测，发现和预测潜在的威胁，如恶意软件、网络攻击等，并及时采取防范措施，保障数据的安全。

目前，将机器学习或者深度学习方法应用于入侵检测，已取得良好的效果。机器学习方法通过训练决策树、支持向量机、朴素贝叶斯等分类器区分正常和异常流量数据，并通过基于统计、基于频率和基于时间序列的方法进行特征提取。

深度学习方法使用神经网络预测或发现入侵。神经网络通过多个层次的非线性转换，自动提取关键特征并进行分类，并通过卷积神经网络（Convolutional Neural Networks，CNN）、循环神经网络（Recurrent Neural Network，RNN）和长短时记忆网络（Long Short-Term Memory，LSTM）等模型实现。与传统的机器学习方法相比，深度学习方法可以更好地处理大量的原始数据，并具有更高的分类准确性。恶意流量入侵检测流程如图4-4所示。

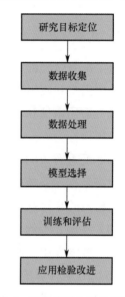

图 4-4　恶意流量入侵检测流程

（2）数据分类和标记：通过机器学习或深度学习技术，可以将电力数据自动分为不同的等级，以便对不同级别的数据进行不同程度的保护。例如，可以使用聚类算法对电力数据进行分组，将具有相似特征的数据划分到同一组中。然后，可以对每个组依照电力行业数据分类分级指南进行安全等级的划分，以便对高安全等级的数据进行更严格的保护。这样可以帮助电力企业在保护数据的同时，更好地管理和利用数据。

（3）数据加密：通过机器学习或深度学习的方法，可以对数据进行加密和解密，保证数据传输过程中的安全性。例如，可以使用神经网络模型加密数据，在模型中设定的参数可以作为加密密钥，通过对密钥的保护确保数据的安全性。此外，人工智能技术还可以提高加密算法的复杂度，增加黑客破解的难度。同时，由于人工智能技术的快速发展，未来可能会涌现出更加高效和安全的加密方法，从而保护数据的安全性。

4.2.2　基于区块链的数据安全技术

区块链是一种分布式数据库，可以实现去中心化的交易和数据共享，具有数据的不可篡改性、去中心化、可追溯性和高度安全性等特点。基于这些特点，区块链技术可以有效避免单点故障导致的数据被篡改、数据被窃取等风险。

1. 基于区块链的数据安全技术原理

区块链技术通过以下三个方法实现达到保护数据安全的目标。

（1）分布式共识机制：区块链采用分布式共识机制确保数据的一致性和安全性。所有节点都必须通过共识算法达成一致时，才能添加新的数据块。这种机制保证了数据的不可篡改性，任何人都无法修改已经被添加到区块链上的数据。

（2）密码学：区块链使用密码学算法保护数据的安全性和隐私性。其中，哈希算法用于将数据块转化为固定长度的字符串，保证数据的不可篡改性；非对称加密算法用于确保数据传输的安全性和防止数据被篡改；数字签名算法用于确认数据的真实性和完整性，防止数据被伪造、篡改或发送方抵赖行为。

（3）去中心化网络：区块链采用去中心化的网络结构，每个节点都有一个副本，并且节点之间相互独立、自治。这种网络结构使得区块链具有高度的可靠性和抗攻击能力，任何节点的故障或者攻击都不会影响整个网络的运行。

2. 基于区块链的数据安全技术要点

（1）加密算法：区块链中加密算法主要应用于确定所属权和保护数据隐私。区块链采用 SHA-256、RSA 等加密算法，保证数据在传输和存储过程中的安全性。

（2）智能合约：智能合约是部署在区块链上的去中心化、可信息共享的程序代码。签署合约的每个参与方对合约内容达成一致，以智能合约的形式部署在区块链上，就可以不依赖任何中心机构自动化地代表各签署方执行合约。

3. 基于区块链的数据安全技术在电力行业中的实际应用

保障能源交易数据安全：电力行业中最典型的应用是利用区块链技术保障能源交易数据的安全。基于区块链的电力交易履约保函，将售电公司、银行、交易中心三方原本孤立的业务实现联通，从保函新增、执行、变更到退还过程全部实现线上化并上链存证，通过使用区块链技术，确保参与方收到准确、及时的数据，并且自身机密区块链记录只能与特别授予访问权限的网络成员共享，保证信息安全、透明、不可篡改，在保障业务数据真实可信的同时提高了客户体验。

4.2.3　基于零信任架构的数据安全技术

基于零信任架构的数据安全技术是一种新型的安全防护技术架构，它假定所有用户和设备都是不可信的，并将安全重点放在身份验证和授权上，以防止未经授权的访问和数据泄露。因此，基于零信任架构的数据安全技术可以有效地防止内部人员泄露敏感数据或故意篡改数据，提高远程访问的安全性，并保护企业的云环境免受攻击和数据泄露的 风险。

1. 零信任架构技术原理

零信任架构的典型体系结构如图4-5所示。

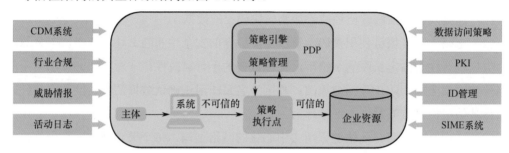

图4-5　零信任架构的典型体系结构

零信任架构的典型体系结构中的各个节点的作用如图4-6所示。

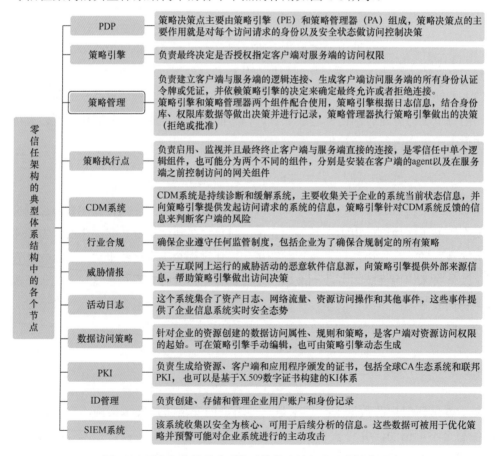

图4-6　零信任架构的典型体系结构中的各个节点的作用

零信任架构通过以下五个方法实现防止未经授权的访问和数据泄露的问题。

（1）认证和授权：所有设备和用户必须进行身份认证和授权，才能获得访问权限。认证和授权机制采用多因素身份验证和访问控制实现。

（2）最小化特权原则：在访问时，用户只被授予必要的访问权限，即"最小化特权原则"，以减少安全风险。

（3）动态授权：访问权限是基于上下文动态授权的，包括设备和用户的位置、时间和设备健康状况等。

（4）数据分类和标记：根据敏感度，对数据进行分类和标记，以便为其分配不同的访问权限。

（5）实时监控和响应：对所有设备和用户的访问行为进行实时监控，并在发现可疑行为时采取快速响应措施。

2. 零信任架构技术要点

（1）统一身份管理：零信任架构下的身份管理是一种中心化的控制方式，可以对所有用户和设备进行集中管理，包括身份验证、授权、认证等，从而提高管理效率和安全性。

（2）网络隔离：在零信任架构下，不同的用户和设备需要隔离开，以防止恶意用户和设备攻击其他用户和设备，同时还保证了系统的稳定性和安全性。

3. 零信任架构在电力行业中的实际应用

（1）应用场景 1：利用零信任业务安全设备代理应用流量，通过与电力企业的统一权限管理平台对接，实现组织、用户、权限等信息的同步；基于身份信息统一管理用户的访问权限，实现收敛业务应用互联网暴露面、业务应用的细粒度权限管理、用户的动态访问控制。

（2）应用场景 2：西门子公司开发了一个基于零信任架构的电力行业通信系统，旨在保护电力行业的通信和数据安全。系统采用了多层安全策略，包括身份验证、访问控制、加密和完整性保护等机制。它通过应用零信任原则，对所有设备和用户进行严格的身份验证和授权，确保只有经过授权的实体才能访问和交换电力系统的敏感数据。

4.2.4 基于安全多方计算 SMPC 的数据安全技术

SMPC[①]能够在保护隐私的前提下，实现参与方之间的协同计算，帮助解决一组互不信任的参与方各自持有秘密数据，需要共同计算一个特定函数的问题，从而减少传统数据

---

① 安全多方计算（Secure Multi-Party Computation，SMPC）：是一个使得多个参与方能够以一种安全的方式正确执行分布式计算任务的架构。

共享方式可能导致的数据泄露风险。

1. 安全多方计算技术原理

安全多方计算架构如图4-7所示。

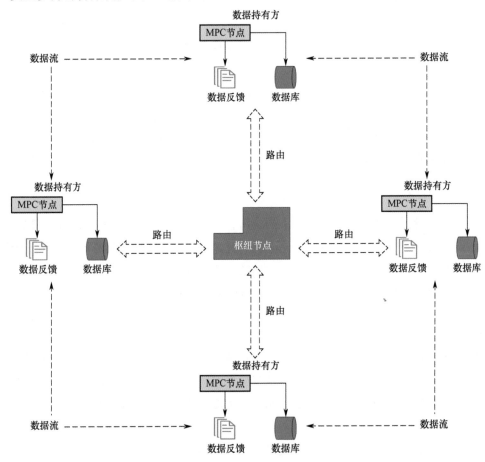

图4-7　安全多方计算架构

安全多方计算架构通过以下五种方式达到保护数据安全的目标。

（1）分布式计算：SMPC 允许多个参与方在各自的本地计算环境中进行计算，而不需要将原始数据传输到中央服务器或第三方。参与方之间可以通过网络进行通信和协作，每个参与方可以根据其自身的数据和计算能力负责执行一部分计算任务。

（2）加密保护：在 SMPC 中，参与方的数据通过加密技术进行保护，以防止其他参与方和潜在的攻击者获取敏感信息。参与方使用公钥密码学技术加密其输入数据，并在计算过程中使用密钥解密和处理数据，从而保护数据的隐私性和安全性。

（3）安全协议：SMPC 使用安全协议确保计算过程的安全性和可靠性。这些协议定义了参与方之间的通信和交互方式，包括输入数据的共享、计算过程中的数据处理、结果的生成等。安全协议通常基于密码学技术，如零知识证明、多方签名、安全多方计算协议等，以确保计算过程中不泄露敏感信息。

（4）数据一致性：在 SMPC 中，参与方之间需要保持数据一致性，以确保计算结果的准确性和可信度。参与方在计算过程中需要相互协作，确保各自的输入数据和计算结果与其他参与方一致，从而获得一致的计算结果。

（5）防止恶意行为：SMPC 需要防范参与方的恶意行为，例如数据篡改、拒绝服务攻击等。为了保护计算过程的安全性，SMPC 通常使用多方共识算法、防篡改技术等手段检测和防范潜在的恶意行为。

2. 安全多方计算技术要点

（1）确保正确性：安全多方计算技术能够确保计算结果的正确性，即使其中一部分参与方出现故障或者有恶意攻击者尝试干扰计算过程，也能够检测到并纠正错误。

（2）可扩展性：SMPC 应具有良好的可扩展性，能够应对大规模数据和复杂计算任务。SMPC 的算法和协议应该能够在大规模参与方和大量数据的情况下高效地运行，从而实现实际应用的可行性。

3. 安全多方计算技术在电力行业中的实际应用

（1）能源交易平台中的隐私保护：能源交易涉及多个能源供应商和消费者之间的能源交换，其中涉及的数据可能包含敏感信息。使用安全多方计算技术，可以构建一个安全的能源交易平台，其中供应商和消费者可以通过加密计算进行交易和结算，而无须直接共享敏感数据。例如，通过使用安全多方计算技术，能源供应商可以根据用户需求和能源市场价格计算出最优的供电方案，而无须知晓用户的详细用电情况。这样可以保护用户隐私，同时促进能源交易的安全和高效进行。

（2）能源大数据中心数据安全保护：能源大数据中心拥有大量来自电厂、用户等的电力数据资源，这些数据资源往往包含隐私信息或敏感数据，在开展大数据分析与应用的同时，可以利用安全多方计算技术保障数据的安全。例如在多个电力企业需要共享或交换数据的情况下，利用安全多方计算技术确保数据在共享或交换过程中不会被暴露。

4.2.5　基于差分隐私保护的数据安全技术

差分隐私（Differential Privacy）是一种隐私保护技术，旨在允许在不泄露个人隐私的情况下对敏感数据进行分析和处理。因此，经过差分隐私保护技术的加持，企业可以更好地实现数据分析和商业智能的目标，同时减少个人隐私泄露的风险，保证数据共享的安全可靠性。

1. 差分隐私保护技术原理

差分隐私保护技术可通过加适量的干扰噪声来实现。目前常用的添加噪声的机制有拉普拉斯机制和指数机制，其中拉普拉斯机制用于保护数值型的数据，指数机制用于保护离散型的数据。

在应用差分隐私进行隐私保护时，需要处理的数据主要分为两大类，一类是数值型的数据，如数据集中单身人人数；另外一类是非数值型的数据，如喜欢哪种颜色的人数量最多。这两者的主体分别是数量（连续数据）和颜色（离散数据）。

拉普拉斯机制：对数值型数据，加入随机噪声就可实现差分隐私。

指数机制：而对于非数值型的数据，一般采用指数机制并引入一个打分函数，对每一种可能的输出都得到一个分数，归一化之后作为查询返回的概率值。

2. 差分隐私保护技术要点

（1）可扩展性：差分隐私保护技术应具有良好的可扩展性，能够适应大规模数据和复杂计算任务。在保护数据隐私的同时，可保持数据处理的高效性和实用性。

（2）攻击模型：差分隐私需考虑多种攻击模型，包括基于统计的攻击、隐私推断攻击、重识别攻击等。通过对数据添加噪声或限制查询访问等方式，差分隐私保护技术可以有效抵御这些攻击，保护数据安全。

3. 差分隐私保护在电力行业中的实际应用

（1）电力数据共享：电力企业之间在共享数据时，可以利用差分隐私保护技术对电力企业的数据进行加噪处理，再将加入噪声的数据整体发送给其他电力企业。采用该方法电力企业可以在保护本企业涉密数据的同时，其他电力企业仍可以从整体数据集中获取一些有用的统计信息，从而保持数据的可用性和分析价值。

（2）用户耗能数据分析：电力企业需要采集用户的用电数据进行负荷预测与用户画像分析，考虑到用户的用电数据具有敏感性，采用差分隐私机制可以在添加适当噪声后满足数据分析要求且保护用户隐私。

（3）数据产品开发与交易：电力企业或第三方机构通过收集和分析电力数据开发数据产品进行商业化运营，差分隐私可用于对这些数据产品中的敏感数据集进行隐私保护，避免泄露关键数据资产。

4.2.6 敏感数据识别技术

敏感数据是指泄露后被不当使用，会给国家或企业或个人利益带来严重危害的隐私数据。敏感数据识别技术在电力行业的数据安全保护中发挥着重要作用。在实际应用中，通过对电力系统内的数据进行分级和分类，采用数据指纹技术、机器学习和人工智能等关键技术，提高敏感数据识别的准确性和效率，实现对关键信息的有效保护。

1. 敏感数据识别技术原理

对于系统中的敏感数据，通过采用智能技术或人工方式进行识别和标记。在数据梳理的基础上，通过对敏感数据特征的分析，构建敏感数据特征库。利用结构化数据、半结构数据、非结构化数据三类数据构建数据模型，根据制定的敏感数据发现规则快速找出系统中的敏感数据，实现对敏感数据的自动化分析，支持对敏感数据的确认、标识和分类分级。以个人信息为例，根据个人信息中数据的敏感程度，将数据分成四级，一级为低敏感级，二级为较敏感级，三级为敏感级，四级为极敏感级，从而实现对敏感数据的有效管理和防护。

2. 敏感数据识别技术要点

（1）数据指纹技术：数据指纹技术是通过对电力系统内的数据进行特征提取和匹配，以实现对敏感数据的快速识别。通过应用数据指纹技术，电力企业可以高效地对敏感数据进行管理和保护。

（2）机器学习和人工智能：机器学习和人工智能技术可以帮助对海量数据进行智能分析和分类，自动识别敏感数据。应用这些技术可以提高对电力系统敏感数据识别的准确性和效率。

（3）数据探测和监控：电力企业应实施数据探测和监控机制，对数据访问、传输和存储等活动进行实时监控。通过对数据流进行分析，可以发现电力系统潜在的敏感数据泄露风险，及时采取防范措施。

（4）关键词匹配：通过搜索预定义的关键词列表来识别敏感数据。例如，可以搜索包含"社会保障号码"、"信用卡号"等关键词的文档。这种方法简单易用，不足之处是可能会产生误报和漏报。

（5）正则表达式匹配：使用正则表达式模式来识别特定格式的敏感数据。例如，可以使用正则表达式来匹配信用卡号、电话号码或电子邮件地址等数据。这种方法比关键词匹配更精确，但可能需要更多的计算资源。

3. 敏感数据识别技术在电力行业中的实际应用

（1）用户隐私数据识别：电力企业可以通过用户用电数据中的用户身份信息、地址位置、家庭结构以及用电设备信息等对用户进行画像与负荷预测。这些用户信息属于隐私数据，电力企业应该按照数据分类分级目录，对流量数据进行解析，应用敏感数据识别技术，通过用户信息中的敏感词汇、属性关联度等识别出具有较高隐私敏感度的用户数据对象，对这部分数据实施加密与访问控制，在进行数据分析的同时提供隐私保护。

（2）交易结算信息识别：电力交易记录、购售合同和结算单等商业文件对象涉及敏感数据，可以根据文件对象的属性数据（如名称、文件类型以及产生部门），利用敏感数据识别技术，识别出与商业交易直接相关的文件对象，定为敏感数据进行隔离保护，再检测文件对象的内容，识别出包含交易价格、结算信息与签约方等敏感信息的对象，对其实施加密与访问控制。

4.2.7　基于 API 监测的数据安全技术

应用程序编程接口（Application Programming Interface，API）可以理解为程序之间的合约，是程序之间互相通信的接口。API 的安全性对于现代应用程序的安全性至关重要。基于 API 监测的数据安全技术主要是通过 API 风险情报和 API 安全管控平台，对 API 资产进行梳理、敏感数据进行分级分类、API 漏洞进行检测以及对 API 攻击进行检测。这种技术的优势在于接入运营成本低、风险告警准确、风险解释性强。

1.　API 监测技术原理

API 监测技术主要通过以下四种方式实现对系统的保护和防止数据泄露的目标。

（1）API 访问日志收集：API 监测技术通过在 API 服务端或 API 网关中部署相应的日志收集器，收集和记录 API 的访问日志。这些日志通常包括 API 的请求和响应信息，如请求头、请求参数、响应状态码、响应体等。

（2）API 行为分析：对（1）中收集到的 API 的访问日志进行实时或离线的分析，以识别异常的 API 行为。例如，检测潜在的安全威胁，如恶意请求、SQL 注入、跨站脚本攻击等；或者检测性能问题，如高延时、高负载等。

（3）安全策略检测：根据安全策略，对 API 的访问日志进行检测和匹配，以识别违反安全策略的 API 访问。例如，检测未经授权的 API 访问、越权操作、非法身份验证等。

（4）实时告警和报告：当发现异常行为，API 监测技术可以实时生成告警和报告，通知管理员或安全团队有关 API 访问的异常行为。

2.　API 监测技术要点

（1）全面收集 API 访问日志：确保收集到的 API 访问日志是完整的，没有遗漏或篡改的情况。可以采用合适的日志收集工具和技术，如日志代理、日志聚合器、日志加密等，以确保日志数据的完整性和安全性。同时要合理设置日志存储和保留策略，确保 API 访问日志能够长期保存并且容易检索。

（2）预先定义有效的安全策略：安全策略在制定时应综合考虑企业的所有信息技术和网络安全风险和威胁，同时还要符合法律法规和行业标准。

3．API 监测在电力行业的实际应用

（1）风险监测：电力企业可以通过旁路部署进行 API 的统一管控。利用通信协议解析还原技术快速自动地发现 API，通过访问控制策略对未知 API、僵尸 API 等主动探测发现，防止事故隐患对 API 鉴权进一步加固；通过流程化管控，增加审核机制，防止未授权 API 被调用，实现 API 全方位安全审计及监管。

（2）风险预警：某电力企业通过部署 API 安全平台一体机，从流量汇聚层采集四层数据，自动梳理形成 API 资产台账，并通过资产拓扑访问关系展示各业务 API 通信链路与技术架构。通过四层流量分析，实时监测针对 API 的攻击，可发现登录弱密码、接口未鉴权、敏感数据查询接口参数可遍历、返回数据量可修改、伪脱敏、数据库查询接口多种涉及敏感数据泄露风险途径，并将攻击特征、攻击情报同步到 WAF 进行联动处置。

4.2.8　基于数据流转监测的数据安全技术

基于数据流转监测的数据安全技术主要是通过对数据在传输过程中的实时监测和管理，以确保数据安全。这种技术可以帮助电力企业解决云上数据安全治理问题，满足等保合规要求的同时，也能提升数据隐私保护能力。

1．数据流转监测技术原理

数据流转监测技术主要通过以下五种方式达到确保数据安全的目标。

（1）数据收集与分析：数据流转监测技术首先需要对数据流进行实时收集和分析。这包括对用户操作、数据内容、系统日志等各个维度的数据进行采集和处理，以便对数据传输过程中的异常行为或潜在威胁进行实时监测。

（2）数据分类与分级：对收集到的数据进行分类和分级，有助于区分敏感数据和非敏感数据，为后续的数据安全策略制定提供基础。

（3）安全策略制定与执行：根据收集到的数据以及数据分类和分级结果，制定相应的数据安全策略，并将这些策略应用到数据传输过程中。这些策略可以包括访问控制、加密传输、数据脱敏等，以确保数据安全和隐私保护。

（4）实时监控与告警：通过实时监控数据传输过程，发现异常行为或潜在威胁。一旦检测到异常，系统会立即触发告警通知相关人员进行处理，以防止数据泄露或其他安全事件的发生。

（5）审计与报告：对监测过程和结果进行审计并形成报告，以确保数据安全监测的完整性和有效性。审计报告可以为企业提供有关数据安全状况的详细信息，帮助企业持续改进数据安全管理和应对策略。

2. 数据流转监测技术要点

（1）大数据处理：电力行业产生了海量的数据，数据流转监测技术需要具备高效的数据处理和分析能力，以确保对大量数据的实时监测和安全管理。

（2）系统间数据交换：电力行业涉及多个子系统，如发电、输电、配电等，这些子系统之间需要进行数据交换。数据流转监测技术应确保这些数据在不同系统间的安全传输，防止数据泄露或被恶意篡改。

（3）访问控制：为保障数据安全，数据流转监测技术需要实施严格的访问控制策略，确保只有授权人员才能访问和处理敏感数据。

（4）法规和标准遵循：电力行业需要遵循国家和行业相关的法规和标准，如等级保护相关要求。数据流转监测技术应确保符合这些要求，为企业提供合规的数据安全保障。

3. 数据流转监测在电力行业的实际应用

（1）电力数据监测：电力企业采用大数据、人工智能与物联网等新技术进行数据驱动与决策时，涉及用户数据、设备数据与企业内部数据的使用，需要对这些数据在新技术应用中的流转过程进行监测，例如利用数据来源鉴定、使用审计与策略执行管理等技术，跟踪数据的采集渠道、调用目的和权限许可，防止数据的过度或滥用使用而带来的安全风险。

（2）电力数据篡改检测：在电力行业中，数据篡改可能导致严重的安全问题。通过对电力数据流转的监控，可以确保数据在传输过程中不被篡改，确保数据的完整性和真实性。

（3）电力数据备份和恢复：在电力数据流转过程中，可以定期对关键数据进行备份，以防数据丢失或损坏。当发生数据丢失或损坏时，可以通过电力数据流转监测快速定位问题，实现数据的快速恢复。

4.3 本章小结

本章详细介绍了一些典型的电力数据安全防护技术。从传统的数据安全防护技术入手，介绍了边界防护、身份认证及访问控制、数据安全审计、数据脱敏、数据追踪溯源、数据加密、数字签名、数据沙箱、数据库防火墙等 9 项技术，这些都是电力行业数据安全防护中必不可少的环节。接着，编者选取了以人工智能、区块链、零信任、安全多方计算、差分隐私等 8 项技术为代表的典型新兴数据安全技术进行介绍，这些技术为电力企业提供了更强大、更灵活的方式来解决复杂多样的数据安全风险。

总之，不管是传统还是新型数据安全技术，都是我们用来构建电力数据安全防护体系的重要手段和工具。在新型电力系统的建设和数字化技术的推动下，带来了大量数据的产生和处理需求，数据在电力系统中的流动性和重要性日益凸显。数据从采集、传输、存储、处理、交换到销毁，每个环节都有可能遭遇数据安全风险。下一步我们将结合电力数据全生命周期，剖析每个阶段可能面临哪些数据安全风险，并分别给出具体的应对策略和建议，以帮助电力企业在实践中能更好地应对复杂环境下的数据安全挑战。

【抛光】对剑身表面打磨、修饰、加工，以获得亮滑平整表面、提升性能的过程。根据《中华人民共和国数据安全法》，对数据全生命周期进行安全风险分析，达到提升防御能力的目的。

抛光：电力行业数据全生命周期安全风险分析及对策

任何事物都经历从无到有的阶段，自文明之始的"结绳记事"，到造字其后的"文以载道"，再到现代科学的"数据建模"，数据一直伴随着人类社会的发展变迁，数据的产生、连接、共享、协同加速演进。随着信息化的不断发展，各个领域"数字化"的程度越来越高，越来越多的人深入参与到互联网的"新世界"中，人类开启了在信息空间中的数字化生存方式，数据已经成为信息化发展的新阶段。那么在数据的全生命周期中，有哪些值得我们关注的安全问题呢？

电力生产、经营、管理等环节产生并积累了海量的业务数据，这些数据具有数据量大、数据类型多、业务关联复杂等特点，已成为电力行业的重要资产。

在现代企业管理中，对资产尤其是种类繁多的资产需要实现资产生命周期管理。作为企业重要资产的数据亦有生命周期，数据安全需要从数据生命周期的观点出发，以确保电力行业数据在每个活动阶段的行为和特征都能够在符合安全策略要求的情况下满足业务需求，从而实现数据安全。

5.1　数据全生命周期概述

数据生命周期是指某个集合的数据从产生或获取到销毁的过程。《信息安全技术　数据安全能力成熟度模型》（GB/T 37988-2019）（以下简称 DSMM 模型）中，将数据生命周期分为数据采集、数据传输、数据存储、数据处理、数据交换、数据销毁六个阶段，如图 5-1 所示。

数据生命周期各阶段定义如下。

（1）数据采集：组织内部系统中新产生数据，以及从外部系统收集数据的阶段。

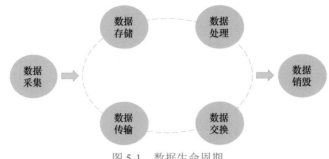

图 5-1 数据生命周期

（2）数据传输：数据从一个实体传输到另一个实体的阶段。

（3）数据存储：数据以任何数字格式进行存储的阶段。

（4）数据处理：组织在内部对数据进行计算、分析、可视化等操作的阶段。

（5）数据交换：组织与组织或个人之间进行数据交换的阶段。

（6）数据销毁：对数据及数据存储媒体通过相应的操作手段，使数据彻底删除且无法通过任何手段恢复的过程。

数据生命周期各阶段可采取的安全措施如图 5-2 所示。

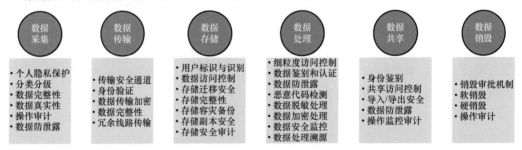

图 5-2 数据生命周期各阶段可采取的安全措施

电力行业数据遍布发电、输电、变电、配电、用电和调度等电力生产、经营、管理等环节，涉及行业数据的采集、存储、传输、处理、交换，直到销毁等全生命周期的各个阶段，需要分析各阶段所面临的安全风险，并采取合适的应对措施，才能保证每个阶段的安全，最终实现电力行业数据的安全。

数据只有经过处理、加工、被用才能发挥其内在价值。数据全生命周期安全，其最终目标是保证数据使用的安全。或者说，为了达到"让数据使用更安全"的目的，构建数据安全生命周期。

5.2 数据采集阶段

数据采集是为了满足生产、营销等数据应用的需要，对电力生产各环节中产生的各种数据进行收集和获取的过程。

5.2.1 电力行业数据采集方式

从电力数据采集来源来看，电力行业大数据主要可分为四类，分别是电力设备运行中的监测数据、电力运营数据、电力管理数据以及用户数据。

（1）电力设备运行中的监测数据

电力设备运行中的监测数据包括电力设备的运行状态数据、电网负荷数据、电力质量数据、设备故障数据等，主要涉及公共模型、图形、实时数据，这些数据通常由各类传感器或监控系统收集，对于保障电力系统的稳定运行及预防和处理设备故障至关重要。其中实时数据分为模拟量、状态量，一般通过站内间隔层进行直接采集。公共模型和图形文件是为了实现动态数据的可视化展示，图形文件用于厂站图、电网潮流图、电网 GIS 图的公共信息引用和图形元素的描述，格式为 G 语言，是在 IEC-61970-453 基于 CIM 的图形交换基础上，针对 SVG 文本较大且网络传输较慢所发展起来的针对电力系统的一种新型高效的图形描述语言。

其中发电厂/变电站的通信网络和系统按逻辑功能划分为三层：过程层、间隔层和站控层，逻辑功能架构图如图 5-3 所示。过程层设备主要包括智能变压器、智能高压开关设备、互感器等高压设备，支持或实现电测量信息和设备状态信息的实时采集和传送。直调（控）厂站的信息采集应按照直调直采、直采直送的范式，非直调厂站的信息采集可通过直采方式送到相关调度端。间隔层设备主要包括测控装置、继电保护装置、计量表计、智能高压设备的监测主 IED（智能电子装置）等，实现或支持测量、控制、保护、计量、监测等功能；站控层设备主要由监控主机、数据库服务器、综合应用服务器、数据通信网等，完成数据采集、数据处理、状态监视、设备控制和运行管理。

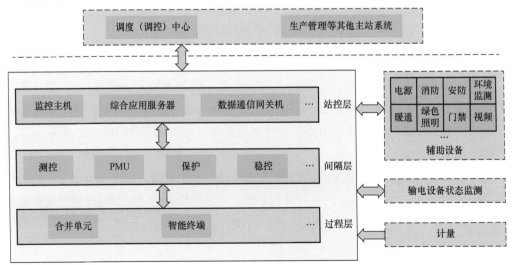

图 5-3　发电厂/变电站逻辑功能架构图

此外，变电站及发电厂中还经常利用巡检机器人、摄像头、无人机等对设备运行情况进行辅助采集。采集到的数据主要包括：①消防信息，如感烟火灾探测器、感温火灾探测器的火灾告警信息、运行工况、故障告警信息、消防水箱/水泵、排烟风机、喷淋/气体灭火等消防设备的运行状态信息；②安全警卫信息，如门禁开关状态和刷卡信息，电子围栏报警信息，电子围栏主机状态信息，红外对射设备告警信息；③电源监测信息，如交流、直流、通信、逆变电源的状态信息、量测值和告警信息；④环境监测信息，如照明控制信息；⑤视频监控信息。以变电站为例，变电站辅助设施监控系统结构示意图如图 5-4 所示。

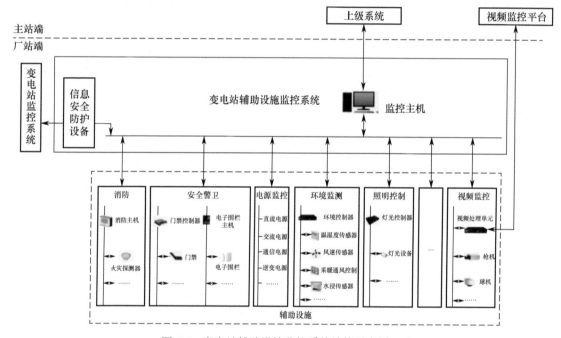

图 5-4　变电站辅助设施监控系统结构示意图

（2）电力运营数据

电力运营数据包括了电力生产数据（如发电量、热效率等）、电力销售数据（如售电量、用户数量、电价等）、电网运行数据（如线损率、电力调度情况等）等。这些数据反映了电力企业的运营状况，对于电力企业管理决策和制定市场竞争策略具有重要价值。

（3）电力管理数据

电力企业管理数据包括人力资源管理、财务管理、物资管理、安全管理等方面的数据，这些数据通常来自电力企业内部的各种管理系统，用于支撑电力企业开展日常管理和长期规划，对于电力企业提高管理效率、优化决策以及保障企业的合规运行都非常重要。

（4）用户数据

数据主要包括电力企业采集到的各种用户信息，包括用户的基本信息（如姓名、地址、联系方式、身份信息等）、用电数据（如用电量、用电时间等）、账单和支付信息以及用户服务记录等。对于大客户，可能还包括其特定的用电需求、合同内容以及服务记录等。这些数据对于电力企业理解用户需求、提升服务质量、优化产品设计以及开展市场营销活动具有重要价值。同时，因为这类数据涉及用户隐私，因此在采集时需要严格遵守数据安全相关法规。

按照"发—输—变—配—用—调"六大环节来看，电力数据采集的对象主要分为以下几种。

1. 发电厂数据采集

发电厂数据主要包括电力系统调度运行所需的储能电站一次设备、二次设备及辅助设备监视和控制信息。数据采集主要分为 SCADA 数据采集、相量测量数据采集、保护装置、安全自动装置及录波装置信号采集。不同类型的发电厂采集的数据往往有很大差距，如火电厂需要采集脱硫脱硝除尘及供热等信息，水电站则主要采集水文要素（如降水、蒸发、流量、水量、水位、冰情、含沙量、水质等信息），风电场主要采集实时测风信息、风电场数值天气预报及风电场功率预测等信息，光伏电站以采集光伏电站环境监测、光伏功率预测等信息为主，而对于核电站则需要采集反应堆的实时状态数据。

以风电场的遥测信息采集为例，至少应包括以下信息：①并网线路有功功率、无功功率、三相电流；②集电线有功功率、无功功率；③主变低压侧有功功率、无功功率、低压侧电流；④站用变及接地变各侧有功功率、无功功率、三相电流；⑤无功补偿装置元功功率、相电流；⑥母联有功功率、无功功率、相电流；⑦测风塔温度、湿度、气压；⑧测风塔 10 米、30 米、风电机组轮毂中心高处、测风塔最高处四个测点实时测量风速、风向信息；⑨风电场正常发电容量、台数；⑩风电场限功率容量、台数；风电场待风容量、台数；⑪风电场停运容量、台数；⑫风电场通信中断容量、台数；实际并网容量；⑬当前风速下风电场机组可调有功上限、下限；各段高压母线可增无功、可减无功；⑭风机有功功率、无功功率、电流、线电压、风向、温度。

2. 输电场景数据采集

输电线路一般分为架空线路和电力电缆。输电线路的电测量数据一般由站端采集，输电设备状态数据由各类监测装置采集。输电场景数据采集示意图如图 5-5 所示。

在架空线路方面，输电线路状态监测装置一般包括导线温度、导线弧垂、覆冰状态、微风振动、舞动、杆塔倾斜、微气象、风偏状态、现场污秽、图像/视频监测等各类监测装置，以上各类监测装置根据线路、铁塔所在实际位置进行布点。按照安装于导线和安装于杆塔，分为接触式监测终端和非接触式监测终端。

在电力电缆方面，电缆本体监测一般配置分布式光纤测温、护层接地电流监测、局部放电监测等装置采集相应数据，电缆隧道监测一般配置温度监测、火灾报警、井盖监控、视频监控、防外破监测、沉降监测、水位监测以及自动排水、门禁监控等装置采集相应数据。

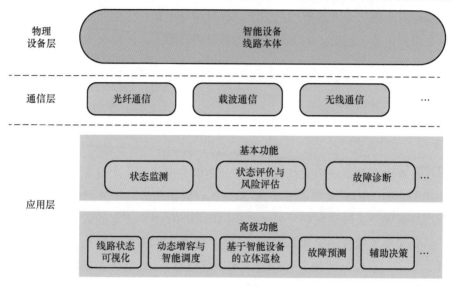

图 5-5　输电场景数据采集示意图

3. 变电场景数据采集

变电站数据采集和发电厂类似，不包括发电机组以及相关的环境数据。

变电站数据主要包括运行数据、故障信号、设备监控数据。电力系统运行数据主要包括输变电系统交直流系统量测数据和运行状态信息。变电站的数据主要包括实时数据和图形数据。交直流系统量测数据主要包括线路电流、电压，主设备各侧电流、档位、温度以及母线电压、频率等。运行状态信息包括开关、刀闸状态信息、直流系统状态信息。电力系统故障信号包括全站事故总信号、间隔事故信号、继电保护及安全自动装置动作信号等。设备监控数据包括设备运行、动作数据、告警信息、设备控制命令、辅助信息。

在信息采集方面，除与发电厂相同的 SCADA 数据、相量测量、保护装置、安全自动装置及录波装置信号外，还包括站端监测装置、综合监测单元、变电设备状态接入控制器等采集的数据。其中站端状态监测装置一般有变压器油色谱监测、变压器铁芯监测、变压器特高频局部放电在线监测、变压器微水在线监测、容性试品在线监测、避雷器在线监测、SF6 断路器、GIS 操作机构在线监测、GIS 微水及气体密度在线监测、GIS 局部放电在线监测、隔离开关温度在线监测。

在数据同步以及精度方面，精度要求高的模拟量，宜采用高精度数据采集技术，对有精度绝对时标和同步要求的电力系统数据，应实现统一实时数据的同步采集。

4．配电场景数据采集

配网自动化终端实现对配电网的数据采集、控制、通信等功能。配电自动化终端一般分为 DTU（站所终端）、FTU（馈线终端）、TTU（配变终端），实现遥信、遥测、遥控等功能。采集配电线路的模拟量，例如电压、电流、零序电流、有功功率、无功功率、功率因数、频率等数据，以及状态量，如开关状态等。

5．用电场景数据采集

用电场景数据的采集主要分为两种来源。一种以用电数据为主，主要通过用电采集终端实现，按应用场所分为专变采集终端、集中抄表终端、分布式能源监控终端等类型，采集的电力用户主要数据项有电能量数据、交流模拟量、工况数据、电能质量越限数据、事件记录数据、费控信息等。另一种以用户数据为主，涉及个人数据采集，一般分为营业厅等线下渠道收集和信息系统、网站、App 等线上渠道收集。

（1）用电数据

用电数据包括：①电能量数据：总正反向电能示值、各费率正反向电能示值、组合有功电能示值、分相电能示值、总电能量、各费率电能量、最大需量等；②交流模拟量：电压、电流、有功功率、无功功率、功率因数等；③工况数据：采集终端及计量设备的工况信息；④电能质量越限统计数据：电压、电流、功率、功率因数、谐波等越限统计数据；⑤事件记录数据：终端和电能表记录的事件记录数据。常见的用电数据采集场景如图 5-6 所示。

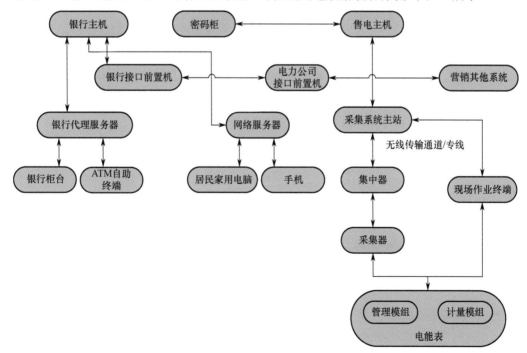

图 5-6 常见的用电数据采集场景

用电信息系统主站、采集终端、电能表之间采用面向对象的用电信息数据协议传输，另外用电采集中，对时信息比较重要，采集终端对时误差绝对值≤5 秒，电能表对时绝对误差绝对值≤10 秒。根据数据项的不同，采集间隔分为 1 分钟、15 分钟、1 天、1 个月等。

（2）用户数据

用户数据包括：①用户基本信息：包括用户的姓名、性别、年龄、身份证号、联系电话、家庭住址、电力邮件等，这些数据都是用户的个人识别信息，是构成用户身份的基础数据，包含了大量个人隐私数据；②用户行为数据：包括用户在电力企业对外网站或移动应用上的登录记录、操作记录、浏览记录等，电力企业通常通过数据埋点技术收集精确的用户行为数据，帮助电力企业更好地了解用户的使用习惯、偏好和需求； ③电力大客户数据：对于电力大客户及重要用户（如政府、军队、医院等）来说，可能会额外收集和保留一些特定的数据，例如用电设备的类型和数量、关键设施的位置和状态、备用电源的配置和使用情况、重要事件的处理记录等。大客户数据通常具有更高的敏感性和价值，电力企业需特别注意对此类数据安全性和隐私性的保护。

6. 调度场景数据采集

调度系统主要从厂站管辖范围内的厂（场）站信息采集，各级调度主系统对数据统一处理，主要包括对厂站稳态、动态、暂态、电能量、水情、火电机组综合监测、输变电设备在线监测、新能源监测、气象等数据的采集和处理。

稳态数据采集包括 RTU/测控装置采集、继电保护装置采集、安全稳定自动控制装置采集。数据需要由厂站实时上传，所有数据都有质量要求，数据质量标志处理结果应发送到后续应用。在协议方面，应支持 IEC102、IEC104 规约。

动态数据采集包括带时标的开关状态、机组一次调频功能投入/退出信号、AVR 自动/手动信号等状态量，以及带时标的电压相量、电流相量、频路、机组功率、机端电压、定子电流、内电势与功角等模拟量。

5.2.2　风险分析

电力行业生产各环节中产生的数据，涉及电力系统设备本身智能化改造后的数据采集和处理，现场采集设备、智能终端、本地通信接入以及边缘物联代理等方式，具有终端类型多样、分布范围广泛等特性，这些数据面临以下风险。

1. 物理环境导致的风险

电力数据采集设备种类繁多，再结合电力物联网新兴业务、新业态的融合发展，输电、配电、用电环节的智能终端或设备存在部署在无人值守或安全不可控环境中的情况，攻击者可很容易地直接接触设备实施物理破坏、克隆伪造、信息窃取、软件篡改及远端控制等攻击。

以电能表为例，为了达到窃电目的，大部分攻击者主要针对电能表实施破坏，导致电能表的计量数据与实际不一致。

2. 数据采集设备自身的风险

由于物联网智能终端及感知设备种类繁多、规模庞大，且各类终端的用途、功能各异，导致接入终端的厂商众多。对感知设备来说，不同采集频率、时间分辨率、数据精度等都会影响数据的准确性，继而影响数据的有效性和可用性。

很多生产厂商缺乏安全意识和安全能力，在终端操作系统、固件、业务应用等软件的设计和开发过程中安全考虑不足，且存在系统更新、漏洞修复不及时等问题，造成攻击者在未授权的情况下非法利用或破坏智能终端。

另外部分终端无消息认证和完整性鉴别机制，无法判断业务指令是否为伪造或被恶意篡改，攻击者可能通过非法指令导致设备误动。例如在传统情况下，用户侧设备的控制权只属于用户本身，但是在新型电力系统的背景下，在某些情况下可直接控制用户侧的部分设备，用户须开放部分设备的控制权限，这有可能导致用户侧设备遭受非法控制，会给用户的生命财产安全带来威胁。

3. 电力数据采集环节存在的安全性问题

有些收集数据的本地收集终端还留存有数据，缺乏对留存数据的安全保护机制。以数字电能表为例，需要存储 1 个月或 3 个月的电测量数据；本地智能终端与后台服务器之间缺乏数据传输安全机制，采集系统缺乏身份验证、权限管理、加密、完整性校验等安全机制等都会造成数据破坏或泄露。电力数据如果在采集阶段被篡改、泄露，将会对电力生产、经营管理、用户服务造成极大的影响，且极难发现和察觉。

4. 数据采集环节涉及的隐私性问题

在配电、用电过程中，通过智能电表采集大量电力用户的用电信息，如各智能家电功率、用电状态等，为智能配电和电力营销提供数据支持。在智能配用电业务中，这些用户数据不仅局限于用户内部，而是向电力系统开放，信息采集、传输、存储的风险大大增加，任何一个环节存在漏洞或遭受攻击均有可能导致个人信息的泄露。

另外，电力企业在向用电客户提供服务过程中，还会涉及采集个人信息等问题，如果数据采集方法、过程不规范，也会带来极大的合规风险。

5.2.3　应对措施

针对以上物理环境、终端自身、采集环节以及隐私等问题，建议电力企业可以从以下几个方面着手加强电力数据采集环节的安全性。

1. 物理环境安全

针对物理环境风险，需加强调度大楼、变电站等核心场所管控，完善消防治安管理，建立人防、物防、技防联动长效管理机制，补齐安防视频、入侵报警系统、出入口控制系统、电子巡查系统，同时严格按照站所、机房等级，完善消防建设，保障物理环境安全。

电力数据采集设备中不少是对物理环境进行监测的，对物理风险可采用设备冗余、多种技术并用的方式来及时发现并处理物理风险。还应设定统一的感知设备标准，对数据采集设备的数据精度、采样频率等制定统一的标准，以保证所采集数据的有效性和可用性。

2. 终端自身安全

（1）针对电力系统中的设备自身风险，如电力系统中的计算机和网络设备，以及电力自动化设备、继电保护设备、安全稳定控制设备、智能电子设备、测控设备等，应通过国家有关机构的安全检测认证。应关闭或禁用光盘驱动器、USB 接口、串行口或多余网口，在遭受异常报文攻击和常见拒绝服务类型攻击时，装置应不出现误动、误发报文、死机、重启等异常现象。

（2）电力监控系统数据采集应遵循以下要求：①数据采集与交换服务器根据应用和数据的安全防护要求，按照安全分区原则接入调度数据网的相应 VPN。对应控制区应用的数据采集与交换服务器接入实时 VPN，对应非控制区应用的数据采集与交换服务器接入非实时 VPN；②数据采集与交换服务器接入调度数据网络骨干网双平面节点，具备通过不同通信路径与厂站端通信能力；③数据采集与交换服务器使用专用独立的网络接口连接调度数据网络接入交换机（以下简称接入交换机）；④数据采集与交换服务器隔离物理广播帧；⑤除了数据采集与交换服务器，电力系统调度控制系统的其他服务器、工作站原则上不应连接接入交换机，且电力系统调度控制系统局域网交换机与接入交换机不宜直接相连。

（3）对接入的数据采集设备建立一套完整的审批检测机制，任何设备接入必须预先通过审核、登记，可以基于设备指纹等方式对数据采集设备的身份进行验证。监控设备运行状态进行，一旦有非法设备接入情况出现，立即开启禁用状态，并将异动信息即时传递给其他层。

（4）物联网设备本体安全方面，如能源控制器基于统一密码基础设施进行身份认证和加密保护，采用硬件密码模块或软件密码模块等方式实现，硬件密码模块采用"国网芯"安全芯片。能源控制器具备自身安全监测和分析功能、支持软件定义安全策略，具备对自身应用、漏洞补丁、固件等重要程序代码及重要操作的数字签名和验证能力。

3. 数据采集安全管理

在采集外部客户、合作伙伴等相关方数据的过程中，电力企业应明确采集数据的目的和用途，确保满足数据源的真实性、有效性和最小权限等原则要求，并明确数据采集渠道、规范数据格式以及相关的流程和方式，从而保证数据采集的合规性、正当性、一致性。

在收集电力数据时，应遵循合法、正当、必要的原则，公开收集使用规则，明示收集信息的目的、方式、范围和用途，并经被收集者同意。采取必要的安全技术手段和管控措施，确保满足数据源的真实性、有效性和最少够用等原则要求，并明确数据采集渠道、规范数据格式以及相关的流程和方式，从而保证数据采集的合规性、正当性、一致性。对收集到的数据进行完整性和一致性校验，确保数据收集过程的可追溯性。

（1）采用调度数据网采集数据时，应使用具有加密认证功能的数据采集服务器；

（2）采用无线通道采集数据时，应通过安全接入区完成数据采集；

（3）对于控制命令应采用加密认证措施；

（4）通过多机冗余、多源数据切换等机制保障数据采集的连续性和可靠性，在单点故障时确保数据不丢失。

4. 数据隐私保护

为实现数据安全目标，加强用户信息保护，电力企业按照遵循"权责一致、依法合规、最小必要"原则，做到明确划分各单位个人信息安全保护职责，充分尊重个人信息采集意愿，最小范围采集个人信息。

（1）通过营业厅等线下渠道收集个人信息时，应向客户告知收集、使用个人信息的目的和范围，可通过签订供用电合同、签署个人信息收集协议等方式获得客户授权同意。

（2）通过信息系统、网站、App 等线上渠道收集个人信息时，应通过弹窗等明显方式向用户展示隐私声明。

（3）个人信息收集协议、隐私声明应明确具体、简单通俗、易于访问，包括但不限于以下内容：①个人信息采集单位的基本信息；②收集使用个人信息的目的、范围、频度、方式等；③个人信息保存地点、期限及到期后的处理方式；④个人信息共享原则、对象等；⑤个人信息主体撤销同意权利；⑥查询、更正、删除个人信息的途径和方法；⑦投诉、举报渠道和方法等；⑧法律、行政法规规定的其他内容。

（4）对于个人隐私数据中的个人生物识别信息来说，可以在采集终端中直接使用个人生物识别信息实现身份识别、认证等功能，另外，在使用面部识别特征、指纹、掌纹、虹膜等实现识别身份、认证等功能后删除可提取个人生物识别信息的原始图像，以保障个人生物识别信息安全。

5.3 数据传输阶段

5.3.1 电力行业常用数据传输方式

电力行业通过多种不同类型的通信网络实现设备的互联互通以及数据传输。数据传输阶段是电力行业实现数字化转型的基础，也是建设新型电力系统和能源互联网的重要技术支撑环节。数据传输方式的安全性决定了电力系统中各类资源、终端以及平台之间信息传递的可靠性，直接影响到新型电力系统能否安全稳定运行。电力系统由于自身特殊的行业性质，电力数据传输的最大要求就是具有一定的稳定性及安全性，一方面是要保证数据在传输过程中安全稳定，另一方面是要保证外部环境的变化，如恶劣天气等情况不会影响到数据传输的稳定性。

电力行业中现有的数据传输方式按照数据传播的媒介大体可以分为有线和无线两种类型。

1. 有线方式的数据传输

有线方式主要利用金属、光纤等介质作为数据传输的媒介。与其他行业依赖于电信部门铺设的普通光缆进行数据传输不同，电力行业拥有遍及各地的输配电线路，分布广泛，接入方便，是覆盖面最广的网络基础设施，且数据传输的基础牢固、可靠性高，具有得天独厚的网络资源优势。

（1）金属介质传输

金属介质传输方式具有可靠耐用、抗外力破坏能力强的特点，以同轴电缆、工业以太网以及电力线载波通信（PLC）技术为代表。其中，电力线载波通信技术是一种电力行业特有的基本数据传输方式，主要利用现有的输配电线路作为信息传输媒介，通过载波的方式实现模拟信号或者数字信号的传输，将数据通过载波机变换成高频的弱电流后，可直接利用已有的电力线路进行数据传输，无须重新布线，通道可靠性高、投资少。电力线载波通信技术在电力系统通信和远动控制中有着广泛的应用，如用于低压电力线抄表数据传输、路灯的智能管理控制数据及告警数据传输等场景。PLC 技术难以满足视频类大带宽业务，且业务终端数据并发传输受限。

另外还有串口数据传输方式，按照比特发送和接收字节完成信息的传送，目前常用的接口标准包括 RS485 和 RS232，主要常用于对烟雾传感器、温湿度传感器等终端设备的控制，数据传输的效率较低，传输速率低、传输距离受限。

（2）光纤传输

光纤传输利用光波作为载波，以光纤作为传输媒质，通过光电变换，实现数据从一端到另一端的传输，具有传输带宽大、抗电磁干扰性高、传输距离远、保密性强的特点，在电力行业中主要用于电力通信骨干网及接入网的建设，传输一些对时延要求极高的控制类业务和传输带宽要求较大的业务。除了普通的光纤，电力行业还有一些专用的特种光纤，如光纤架空地线（OPGW 光缆），又称光纤复合地线，在电力传输线路的架空地线中包含了用于数据传输的光纤，具有输电线路防雷接地和数据传输双重功能；光纤复合相线（OPPC），在传统的电力系统相线结构中加入了光纤，形成了由两根导线和一根 OPPC 组成的三相电力系统，无须额外架设线路即可实现数据的传输。

2. 无线方式的数据传输

与有线方式的实体传输媒介不同，无线数据传输方式利用空间作为介质，通过电磁波进行数据传输。电力行业中常用的无线数据传输方式包括移动蜂窝通信、蓝牙、工业可信 Wi-Fi、卫星通信等。不同的无线数据传输方式由于通信频段、通信功率、数据传输格式等因素影响，有着不同的数据传输带宽和传输距离。典型的无线数据传输方式如下。

（1）移动蜂窝通信数据传输

移动蜂窝通信随着技术更迭发展，已经从最初的第一代模拟语音发展到第二代数字语音、第三代实现中高速数据多媒体通信，再到第四代实现全 IP 语音、移动宽带通信。进入 5G 时代后，基于网络切片技术、云平台及大数据处理，整体网络性能更加安全、可靠，能够提供更加丰富的覆盖组网能力，电力行业业务应用更加广泛，配网终端接入方式更加灵活。蜂窝网络是由许多个基站组成的，每个基站的覆盖范围都是一个正六边形，就像蜂房一样，而基站和基站之间按照相同的协议组成了一张通信网，实现了大面积的无线覆盖，形似蜂窝，如图 5-7 所示。

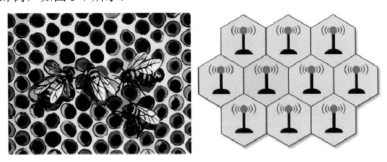

图 5-7　蜂窝网络示意图

5G 就是第五代移动通信技术，作为最新的移动蜂窝通信网络技术，与新型电力系统高度匹配，给新型电力系统带来更灵活经济、更安全可靠且时延更低的数据传输方式，目前已经和电力行业有深度融合，为电力行业实现数字化转型赋能。

相比较 4G 而言，5G 有着众多优点。首先是在传输速率方面有很大的提升，能够满足无人机高清视频类数据的大量传输。同时 5G 的通信时延也低了很多，为电力行业的精准负荷控制、配电自动化"三遥"等控制类超低时延业务的应用创造了条件。最重要的是，5G 的网络容量更大，每平方千米最大可连接一百万个智能终端，满足了电力物联网中对海量智能终端的接入需求。因此上述的 5G 三大优点对应了 5G 技术体制下的三大场景，包括增强移动带宽（eMBB）、超高可靠低时延通信（uRLLC）和大规模机器类通信（mMTC），如图 5-8 所示。

5G应用场景	应用举例	需求
移动宽带	4K/8K超高清视频、全息技术、增强现实/虚拟现实	高容量，视频存储
海量物联网	海量传感器（部署于测量、建筑、农业、物流、智慧城市、家庭等）	大规模连接（200000平方千米），大部分静止不动
任务关键性物联网	无人驾驶、自动工厂、智能电网等	低时延，高可靠性

图 5-8　5G 应用场景

① 增强移动带宽（eMBB）

eMBB 的英文全称是 enhanced Mobile Broadband，利用 5G 的高传输速率和大网络覆盖面积提供上网接入服务。目前电力行业中有大量的移动巡检类业务，如变电站巡检机器人、输电无人机、现场作业安全管控等，都需要对站内一二次设备、线路运行情况等方面进行大量的视频及图片采集，并且需要将相关影像资料上传到相对应的远程监控业务平台中。随着现场管控要求越来越高，摄像头的分辨率也越来越高，此类移动应用业务数据传输所需要的通信带宽及安全性要求也越来越高。

② 超高可靠低时延通信（uRLLC）

uRLLC 的英文全称是 ultra Reliable & Low-Latency Communication。正如名称所示，具有高可靠和低时延的基本特点，适用于电力行业中的各类控制类业务。例如精准负荷控制系统，要求能够快速恢复电力系统的供需平衡，从需求响应系统到需求响应终端的切负荷指令数据传输时延不超过 50 毫秒，对安全性、可靠性和时延要求极高，但是对数据传输带宽的要求相对较低。再例如配电网差动保护业务，需要判断同一时刻相关关联的差动保护终端电流值的差异，要求相关终端的时间同步精度小于 10 微秒，电流值的端到端数据交互传输时延不超过 12 毫秒。

③ 大规模机器类通信（mMTC）

mMTC 的英文全称是 Massive Machine Type Communication，也就是大规模的物联网通信业务，5G 技术低功耗、大连接、低时延、高可靠的特性较好地适配于电力物联网相关的采集类业务，此类业务涉及的采集终端往往点多面广，如果采用有线方式进行数据传输成本较高且覆盖难度大，但是此类业务对通信时延的要求相对不高。例如用电信息采集业务，用于实现对用电信息自动采集、监测计量异常数据和电能质量数据等，需要把居民家里的电能表采集到的数据传输到用电信息采集系统的主站中，终端数量大且较分散，5G 技术的应用降低了数据传输成本。

另外，随着 5G 网络在电力行业的发电、输电、变电、配电、用电、调电各个环节中逐步有了规模化的应用，就形成了 5G 电力虚拟专网。5G 电力虚拟专网就是利用电信运营商的 5G 网络，依托 5G 技术中的网络切片、多接入边缘计算、能力开放等特性，虚拟出了一张面向电力行业的专用网络，同时可以与电力行业的通信专网进行融合，实现端到端的电力业务承载、高强度安全隔离以及资源管理。

（2）窄带数据传输技术

窄带数据传输技术伴随着物联网的发展而兴起，物联网的接入层需要连接大量的终端设备，不仅对速率和稳定性有着较高性能要求，而且对低功耗、远距离传输提出要求，目前较为成熟的技术有 LoRa、NB-IoT 及 LTE230。

LoRa 的英文全称是 Long Range Radio，也就是远距离无线电，是一种低功耗的局域网无线标准，可实现超长距、低功耗数据传输，适合于远距离发送、小数据量传输且使用电池供电的物联网终端设备。例如风电和光伏电站的部署往往在相对广阔的区域，且终端种类和数量繁多，而 LoRa 远距离、低功耗、易部署的优点恰恰适合风电厂、光伏电站以更低成本实现数据采集与传输，可对温度、风速、振动、光伏板积灰度等多种传感器数据进行采集传输。相对其他窄带数据传输技术而言，LoRa 的安全性相对较低。而 NB-IoT 则是基于蜂窝网的窄带物联网，也称低功耗广域网，使用运营商专用频段，安全性有一定保证，但频段属于运营商专有，无法建设电力专网。

电力无线专网与公网最大的区别就在于，前者是专门针对电力行业的业务需求建设的，传输技术与电力行业的业务进行了深度捆绑。LTE230 电力无线专网从 2001 年国网公司试点开始，到 2018 年工信部明确频段载波聚合以及电力系统的使用权，在电力系统内部已经开展了大量实际应用。LTE230 电力无线专网技术的优点是频段为电力专用，覆盖范围大，安全性高，缺点是传输速率相对较低。

（3）近距离数据传输技术

近距离数据传输技术也就是短距通信技术，使用无线通信的 2.4GHz 频段，常用的无线数据传输技术有蓝牙、Wi-Fi、ZigBee。

蓝牙技术的出现使得短距离的无线通信成为了可能，但是它成本较高且功耗较大，不适用于低成本、低功耗的电力物联网应用场景，并且蓝牙的传输范围非常有限，一般有效范围仅有 100 米左右，它的抗干扰能力和安全性都无法满足电力行业的需求。

同样，Wi-Fi 也是是一种短距离无线传输技术，可以随时接入无线信号，移动性强，例如部分变电站巡检机器人采用 Wi-Fi 进行站内的数据传输。但是由于 Wi-Fi 采用的是射频技术，使用无线电波来传输数据信号，比较容易受到来自外界的干扰，尤其是数据包在传输过程中可以被外界检测到，因此数据传输存在一定的安全风险。

与蓝牙和 Wi-Fi 相比较而言，ZigBee 技术是一种国际通用的低功耗局域网协议，其名称来源于蜜蜂的八字舞。ZigBee 技术具有近距离、低复杂度、自组织、低功耗以及高数据速率等特点，传输成本低，适合用于自动控制和远程控制领域，在电力行业中的数字化变电站和电力系统监控等场景都有试点应用。

（4）卫星通信

以用电信息采集智能电表数据传输方式为例，其本地通信方式主要采用窄带电力线载波和微功率无线技术，但是对于一些运营商覆盖不到的偏远地区，如戈壁滩上的输电线路传感器，北斗通信技术则有着得天独厚的优势。北斗是一种典型的卫星通信技术，是由我国自主研制的全球卫星导航系统，利用人造卫星作为中继进行数据传输，它有三个最重要的基本功能，分别是定位、导航、授时，另外北斗还可以进行高精度、高可靠的短报文数据传输，这也是北斗区别于 GPS 等世界上其他几大导航定位系统的最大特点。卫星通信流程如图 5-9 所示。

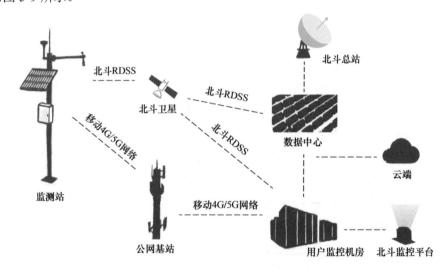

图 5-9　卫星通信流程

北斗的短报文数据传输功能可以视为我们日常使用的短信息，可以发布 40 个字的信息，对于在海洋、沙漠和野外这类没有通信和网络的区域，安装北斗数据传输终端后，可以在定位自己位置的同时，还能向外界传输文字信息。目前的北斗通信卫星系统已经实现了双向短信通信功能，用户之间、用户和中心控制系统之间都能够进行双向的短报文通信，覆盖面广、稳定性高，在配网移动作业、车辆定位管理、输电线路在线监测、用电信息采集以及电力终端授时等电力行业领域中都已经有了广泛的应用，解决了行业内对于通信不发达地区设备监测难、用电信息采集难的问题。

5.3.2 风险分析

5.3.1 节中对电力行业常用的数据传输方式进行了基本介绍，对有线数据传输方式和无线数据传输方式都进行了说明，但是不管采用哪一类方式进行传输，均会面临一些安全风险和隐患。

1. 物理安全风险

数据传输离不开传输介质，光纤、电缆或无线传输及传输节点服务器都会受到物理环境的影响，受到干扰攻击、节点干预，甚至人为损坏。尤其是一些针对电力行业关键信息基础设施的定向攻击，会干扰物理系统正常运行，造成设备损坏和系统瘫痪，严重者可导致全国停电。攻击者还可能对一些数据传输控制节点进行物理破坏或者利用管理漏洞对其进行恶意物理攻击，导致控制节点设备损坏、通信中断。

此外，正如 5.3.1 节所说，相比于传统的有线传输的安全问题，无线信道具有对外开放的特性，无线数据传输更容易受到多种安全问题的困扰。恶意攻击者可以通过在系统的工作频段发送噪声信号，降低接收信号的质量，从而影响无线通信系统的正常工作；甚至可以通过无线发射器等方法干扰无线工作频段，使通信中断，导致电力系统业务终端脱离安全管控范围。

2. 网络攻击的潜在风险

除了物理攻击，攻击者还可通过窃听、伪造、重放等手段对传输网络进行攻击，从而实现非法接入、阻塞信道、破坏路由或篡改数据包等，带来数据泄露、窃取、篡改等风险。

（1）网络空间攻击风险：攻击者可通过网络入侵及计算机病毒等网络空间攻击方式，导致电力信息系统故障，数据无法可靠传输，如利用蠕虫病毒开展网络攻击。

（2）身份伪造风险：相对于有线传输方式来说，无线传输的广播特性导致攻击者更加容易接收到目标信号，且由于网络协议脆弱，攻击者可利用无线网络的开放特性非法接入目标网络，获取网络中的重要数据信息并实施攻击。例如通过截获合法用户的身份信息后假冒合法用户的身份访问数据传输网络，还可以通过非法截取数据包等方式恶意篡改传输的数据信息；再比如在北斗系统中，攻击者还可能伪造成通信基准站，从而对北斗运营服务平台进行攻击。

（3）未授权访问攻击风险：对于电力 5G 虚拟专网来说，还存在切片未授权访问的风险，切片内的资源可能被其他切片中的网络节点非法访问，导致切片内部错误甚至可能影响其他切片的工作。

（4）拒绝服务攻击风险：电力物联网中感知节点数量庞大，并且往往以集群方式存在，且受限于物联网终端的计算能力，攻击者更容易利用某一个被控制的节点向整个网络发送恶意数据包，造成网络拥塞、瘫痪、数据传输中断。

3. 信息泄露风险

电力数据在多样化的数据传输过程中，还可能存在数据泄露的风险。例如在 5G 环境下，用户隐私信息涉及用户标识、移动模式、位置信息及数据使用模式等内容，攻击者可以通过多种手段获取这些用户隐私信息；再比如利用北斗技术进行数据传输时，可能存在高精度数据泄露的风险，尽管单个基准站的数据只是敏感数据不涉密，但多个基准站的数据汇聚在一起后形成秘密级数据，因而北斗数据传输过程中易被监听，导致数据泄露。

5.3.3 应对措施

针对电力数据传输过程中存在的上述风险，建议电力企业可从以下几个方面入手。

1. 物理环境监测

为了保障传输过程中的物理安全，除了采用冗余物理链路以提供备份路径，无线通信还可以使用频率跳跃、扩频等技术来抵抗干扰。针对数据传输中所面临的物理风险，目前采用的主要方式是对物理环境加强监测，同时加强电磁环境在线监测，确保数据在物理传输过程中的安全性。在有线通信方面，电力企业通常使用光纤作为传输介质，减少了电磁泄露问题；而其他采用双绞线的场所，如办公大楼、供电所等场所的终端设备接入，则与数据采集阶段一样，通过加强消防保卫建设，来降低数据安全风险。

2. 数据传输加密

为防止数据传输中的数据泄露、窃取、篡改等风险，应根据电力企业内部和外部的数据传输要求，采用适当的加密保护措施，保证传输通道、传输节点和传输数据的安全，防止传输过程中的数据泄露。例如，在互联网应用方面，互联网传输通道采用一般 HTTPS 协议保护通信过程中数据保密性，采用基于国密算法 SM3 密码算法对数据进行完整性保护，采用国密 SM4 算法进行加密保护传输保密性。在电力调度数据网方面，使用实时 VPN，纵向接入采用电力专用纵向加密认证装置或加密网关，实现网络层双向身份认证、数据加密和访问控制。在省级智慧能源服务平台方面，密码机与签名验签服务器提供的应用层加密/签名能力，保障信源数据真实性、数据传输过程中的真实性与机密性。同时，重要数据、商密数据等使用国密 SM2、SM3、SM4 加密算法保证数据传输的安全性与完整性。对于电力关键信息设施而言，密码应用的合规性与安全性还需通过国家密码管理局组织的安全性审查。

3. 多层次传输认证机制

传输网络应具备对电力物联网终端接入认证、二次认证等纵向认证措施，以确保终端接入主站的合法性。例如，在实际的应用中可进行机卡绑定，可将终端的物联网卡与设备进行绑定认证，如果数据传输过程中验证二者不匹配则拒绝接入网络；再比如二次认证技术，对终端到服务器的连接进行二次鉴权认证，二次认证失败后则不允许终端访问电力业务。

5.4 数据存储阶段

5.4.1 电力行业数据存储方式

电力企业常见的数据存储方式主要分为两种，分别为各业务系统独立数据库存储及数据中台统一存储，具体选择哪种方式存储数据与企业的实际需求、数据类型和规模、系统复杂度等因素密切相关。对一些大型电力企业或集团来说，往往建设了数据中台进行统一的数据管理，一些小型电力企业或单个的业务系统则往往采用独立数据库存储的方式。

1. 业务系统独立数据库存储

数据库是用于存储、管理和组织数据的系统，它在各个领域中发挥着重要的作用。电力行业数据量大，对保密要求高，这对电力数据的存储提出了较高的要求。利用数据库对普通的电力数据进行存储是目前普遍的做法。数据库通过使用数据结构和存储技术对数据进行存储。通常，数据库使用表（table）来组织数据，表由行（row）和列（column）组成，行代表数据的记录，列代表数据的属性。数据以逻辑上相关的组织形式存储在表中，每张表都有唯一的标识符（表名），用于在数据库中进行引用和操作。目前市面上主流的数据库包括 MySQL、Oracle、SQL Server、PostgreSQL 和 MongoDB。这些数据库都具有广泛的应用和可靠性，其中，MySQL 以其简单易用和高性能而受到广泛关注，Oracle 则以其强大的功能和可扩展性闻名，SQL Server 在 Windows 平台上提供了全面的解决方案，PostgreSQL 作为开源数据库具有良好的可定制性和可靠性，而 MongoDB 则专注于非结构化数据的存储和处理，为大数据应用提供了有力支持。

在这种方式中，每个业务系统（如发电设备监控系统、电厂维护管理系统等）都拥有独立的数据库进行数据存储。在这种模式下，各业务系统独立运作，数据库的独立存储可以保证数据的隔离性，不同的系统不会直接访问或影响其他系统的数据。另外，由于每个业务系统都有自己的数据库，数据处理和查询操作通常会更快，在系统独立性和业务处理速度等方面具有一定的优势。

然而，这种存储模式也存在一些短板。在大数据时代，通过综合分析各业务系统的数据来提供决策支持和业务优化已经成为了一种重要的方式，但是如果各业务系统的数据都存储在各自独立的数据库中，不同系统之间数据的交流和共享就会比较困难，再加上数据格式不统一、数据质量参差不齐等问题，会导致数据整合更加困难，这种现象就是"数据孤岛"。由于数据孤岛的存在，电力企业可能无法全面掌握和利用自己的数据资源，导致数字化水平的提升和业务创新受到限制。

2. 数据中台统一存储

第二种常见的数据存储方式则为利用数据中台进行统一存储。数据中台是将所有业务系统的数据统一存储和管理的数据平台。通过集成各业务系统数据，数据中台实现了数据的统一管理、统一服务和统一分析。这种方式可以大大提高数据的利用效率和一致性，实现信息的全面共享，有利于进行深度的数据分析和挖掘，为企业决策提供数据支持。但是建设和维护数据中台需要一定的投入，同时由于大量数据进行集中存储，对于数据安全性、隐私保护等方面的要求也更高。

这种存储方式中主要需要从以下两个角度开展相关工作。

（1）统一数据标准

在电力行业数字化转型的过程中，不同业务部门之间分散式地开发、运行和管理信息系统，系统之间的信息无法互联，带来硬件冗余、数据多源、格式不一致等问题，使不同电力企业单位及部门之间数据不能及时共享、访问、管理与分析挖掘的矛盾变得突出，难以制定企业级决策，增加了电力部门的运营成本，甚至造成与用户之间的交流障碍。而数据中台统一存储的主要目标就是实现数据的集中管理与整合，打破数据孤岛，实现数据的高效利用。这一工作的首要任务就是对各业务系统的数据进行集成，将原本分散在各个业务系统的数据进行统一存储，以便统一管理和利用。因此，需要建立一套统一的数据模型，为数据共享筑牢基础。

针对这个问题，电力行业提出了电力系统公共信息模型（Common Information Model，CIM），是从企业级视角对电力各专业原始业务数据的统一建模。该模型系统性地描述了电力企业尤其是与电力运行有关的所有主要对象，介绍了面向电力生产与电力交易全环节实体及关系的建模方法，并被国际电工委员会采纳。该模型包括逻辑模型和物理模型两部分。逻辑模型指从企业级视角对核心业务对象及其属性字段、相互关联关系进行统一定义，避免在业务信息系统建设过程中，对同一业务对象进行重复定义，进而造成重复录入和维护。逻辑模型与组织机构设置、部门职责划分和具体管理现状无关，与数据库产品和业务应用无关。物理模型是遵循逻辑模型，依据业务应用的数据处理需要（如业务交易、离线分析、实时计算等），基于选定数据库产品，形成的数据库结构和表设计。物理模型是逻辑模型的具体落地应用，用于支撑业务应用对数据的存储、传输、访问和计算等需求。

（2）统一存储平台

数据中台统一存储的另一个关键是提供统一的数据服务，如图 5-10 所示。数据是数字化转型的核心，建设大数据平台是源端全业务融合、后端大数据分析的必然选择，对建设数字化电力企业具有重要意义。同时，大数据、云计算等新技术日趋成熟，为大数据平台的建设提供了技术保障。在建立统一的数据模型后，需构建数据 API 或者数据服务接口，让各业务系统能够通过接口获取和使用数据。此外，也可以提供一些高级的数据服务，例如数据分析服务、数据挖掘服务等，以便于更好地利用这些数据。通过建设大数据平台，可以实现对电力企业全业务数据资源的统一规划、管理和使用，提高企业信息化水平，为电力企业开展跨专业数据综合利用，实现用数据管理企业、用信息驱动业务的目标奠定坚实基础。

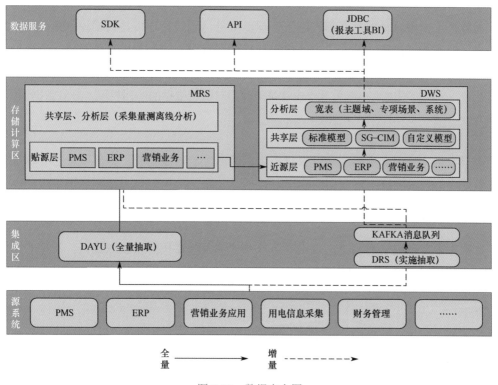

图 5-10　数据中台图

5.4.2　风险分析

1. 传统数据安全机制难以满足需求

在电力行业大数据场景下，数据从多个渠道大量汇聚，数据类型、用户角色和应用需求更加多样化，访问控制面临诸多新的问题。首先，多源数据的大量汇聚增加了访问控制策略制定及授权管理的难度，过度授权和授权不足现象严重。其次，数据多样性、用户角色和需求的细化增加了客体的描述困难，传统访问控制方案中往往采用数据属性（如身份证号）来描述访问控制策略中的客体，非结构化和半结构化数据无法采取同样的方式进行精细化描述，导致无法准确为用户指定其可以访问的数据范围，难以满足最小授权原则。大数据复杂的数据存储场景使得数据加密的实现变得异常困难，海量数据的密钥管理也是亟待解决的难题。

2. 日常运维难度大

大规模的分布式存储和计算架构增加了安全配置工作的难度，对安全运维人员的技术要求较高，一旦出错，会影响整个系统的正常运行。

3. 权限失控风险

大数据平台中每种数据库都有超级管理员账号，超级管理员是数据库创建过程中的默认用户，拥有最高权限。过度集中的权限一旦被别有用心的人利用，则可以为所欲为，并且抹除任何痕迹。因此，大数据平台还存在权限失控风险。另外，如果数据库的访问控制设置不当，未经授权的用户或恶意攻击者可能获得对敏感数据的访问权限，导致数据泄露。

4. 弱密码和凭证管理

如果数据库使用弱密码或凭证管理不当，黑客可能通过猜测、撞库或社会工程等方式获取数据库的登录凭证，进而访问和窃取数据。

5. 注入攻击

数据库中存在安全漏洞时，攻击者可以通过注入恶意代码来获取数据。常见的注入攻击包括 SQL 注入和 NoSQL 注入。

6. 物理访问风险

如果未采取适当的物理安全措施，例如未锁定服务器房间或未限制物理访问权限，未经授权的人员可能直接访问数据库服务器并获取数据。

5.4.3 应对措施

1. 数据存储加密

按照分类分级的结果，对于识别出的重要或敏感数据应采用更严格、更安全的保护措施，如数据存储加密、数据库表加密等。

2. 个人隐私数据保护

建议电力企业将用户个人隐私信息存储在电力企业内部网络，禁止在外网长期存储，临时存储于外网的个人信息应遵循最小化原则，确因业务需要在外网长期使用数据的，可按需经过脱敏处理后，转换为一般数据进行存储。存储个人生物识别信息时仅存储不可逆的摘要信息，原则上不应存储原始个人生物识别信息（如样本、图像等），个人生物识别信息应与个人身份信息分开存储。

3. 规范运维检修

为了应对数据存储阶段的操作风险，应严格按照企业的信息系统检修规范开展数据库操作，制定详细的检修方案、操作步骤、备份方案、回退方案、测试方案和验证方案，减少日常运维风险。

4. 强化账号权限管理

严格按照权限开通账号，建立运维审计系统，统一管理各业务系统账号。例如，D5000系统的权限管理采用基于角色的三权分离机制，支持多级安全检查，支持授权和权限的管理，支持强制访问控制。明确系统的用户角色（应包括系统管理员、审计管理员、业务配置员和业务用户，可包括业务管理员和业务审计员），根据用户角色授权不同权限，授权能完成各自承担任务的最小权限且互相制约，并且系统需设置权限互斥。

5. 数据脱敏

对敏感数据和个人敏感信息通过脱敏规则进行数据的变形，实现对敏感数据的隐私保护。如将用户姓名进行匿名化处理、将用户地址进行随机化处理，将用户用电量按照一定比例随机增加或减少、加入噪声、模糊化处理等，从而保护用户的隐私。

6. 数据访问控制

建立数据库的细粒度访问控制，按照用户访问权限把安全控制细化到数据库的行级或列级。

7. 数据的备份与恢复方面

为了应对数据备份和恢复风险，部分电力企业会建立异地灾备中心，以及备用调度中心，用来存储企业经营和电力数据。针对重要信息系统方面，开展信息系统双活架构改造。如某电力企业进行营销业务应用系统双活架构改造工作，将数据集中式存储部署方式改造为两地数据中心多计算节点加多存储节点部署方式双中心同时运行的双活架构，构建数据库集群，采用长距离 IB 交换机实现双中心数据实时传输。通过负载均衡实时监测双中心业务运行情况，实现了极端情况下业务秒级切换，解决单中心运行情况下的安全隐患，增强系统数据库运行性能，进一步提升营销数据安全和系统的灾备容错能力。

8. 数据存储系统身份认证

使用强密码和多因素身份验证，定期更换凭证，为数据库筑起第一道坚强的防线。

9. 定期开展数据库漏洞扫描及安全审计

对数据库进行定期的安全审计和漏洞扫描，及时修补安全漏洞。同时，对数据库进行监控和日志记录，及时检测异常活动和安全事件。

5.5 数据处理阶段

5.5.1 电力行业常见数据处理场景

数据处理是指电力企业内部利用核心业务平台针对动态数据进行的一系列活动的组合，实现数据的统一分析处理，是数据的价值体现，包括数据计算、数据分析、数据加工、数据清洗和数据可视化等内容，通常会涉及数据标准、数据质量、元数据管理、ETL、数据模型设计等。数据处理环节的安全目标是：电力企业在对外提供数据服务时，应做到仅向外提供经脱敏和加工后的数据，加强对核心数据和重要数据使用行为的监控、预警，防止敏感数据泄露。

随着大数据技术的发展，当前电力领域大数据分析技术应用涉及从电力生产到电能使用的各个环节，其中发电侧、电网侧和用电侧等环节是大数据应用的重要领域。

在电力侧方面，利用云计算、大数据技术构建重过载预警模型，有效预测配变重过载情况；建立设备能效模型，开展负荷实时分析预测，优化能耗、能效和用能管理；利用电力数据模型科学规划投资，选择可再生能源投资最优方案；构建基于数据分析的多场景电网规划，选择安全性、可靠性和经济性最优的电网规划方案。

在用电侧方面，利用电力大数据分析助力电力企业精细化管理自身能源消耗、精准快速定位高能耗、高碳排放用电环节、智能分析客户用电行为，从而优化电力调度和匹配方案，达到提升用电效率、提升管理效率、提升供电服务质量、保障供电安全、降低碳排放等目的；通过优化充放电决策模型，自动调整充放电参数，提高储能设施的利用率和经济性。

在社会侧，电力大数据支撑城市大脑建设，整合电力大数据与政府、企业、消费、环境和天气等外部数据，实现电力系统数据与公安、城管、房管、文旅等政府机构业务系统的数据协同，打造电力经济指数、供应链金融和企业多维画像等应用场景，生成反映城市宏观运行情况的电力晴雨表，帮助政府精准研判与科学决策。

5.5.2　风险分析

电力数据可极大促进电力行业智能感知、内部管控能力以及用户服务效率提升，但如果电力企业对数据的处理、使用过程中无法实施有效的管控，极有可能造成电力数据和用户信息数据的窃取等风险，那么这里简单介绍下需要引起关注的安全风险。

数据处理过程中，风险主要来自外部威胁、内部威胁以及系统威胁，外部威胁主要包括账户劫持、漏洞攻击、APT 攻击、木马注入、身份伪装、密钥丢失、认证失效等；内部威胁包括 DBA 运维人员违规窃取、滥用、篡改、泄露、误操作数据等；系统威胁包括不严格的权限访问、数据脱敏质量较低、多源异构数据集成中隐私泄露等。

1．数据泄露

在使用处理电力数据环节，不安全的网络连接、未经授权的访问，数据库平台漏洞、SQL 注入、权限认证缺失、薄弱的身份验证方案、过高权限的滥用以及人员泄露等安全因素，都可能导致非授权人非法获得数据库的访问权限，引发电力敏感数据和用户信息的泄露。

2．数据篡改

对待电力数据时，必须采取有效措施防止数据的篡改、非授权访问敏感数据、访问核心业务表、高危指令操作，篡改关键节点监测预警信息、操作指令、信号等关键数据，导致数据分析和展示结果不准确、有偏差，误导业务数据使用者和决策者做出错误判断，很可能造成电力系统故障或重大安全事故，产生社会安全生产负面影响，对电力企业运营和决策产生严重影响。

3．数据丢失

2017 年 Gitlab 的网站工程师在备份数据时操作失误，不慎误删了约 300G 生产数据库中的数据，备份数据也被不慎删除，网站宕机 10 个小时，影响了该公司约 5000 个项目。此类事件历历在目，在数据加工、使用环节，硬件故障、软件故障或人为操作失误致使数据资产管理混乱，极易导致数据被托库或者丢失、数据备份和恢复策略缺失、数据丢失损失难以挽回。

4．隐私侵犯

电力数据中包含了电力职工以及用电客户大量的身份信息、通信信息以及住址敏感信息，在电力企业业务系统使用个人隐私数据计算、数据应用展示以及数据增值服务时，必须征得用户的同意才能使用，特别是在涉及未成年人信息时，必须征得监护人有效明示同意，否则在处理包含个人信息的数据时，可能会不慎泄露用户隐私，导致电力企业被法律追责和声誉损失。

5. 数据不合规使用

电力企业在执行国家相关法律法规和政策时必须不折不扣，电力大数据中的敏感数据，需要经过脱敏加工后方能使用。未经加工的敏感数据使用、敏感数据展示，触碰了数据保护法规要求，数据处理的不合规，导致企业可能面临法律责任和罚款。

6. 数据关联错误

在电力大数据分析过程中，必须慎之又慎，电力数据分析处理场景包含了电力生产安全、供应链金融、企业多维信用画像、用电营商环境优化、电费回收风险等分析业务，以及数据分析测试、数据建模测试等测试业务场景。因人为失误出现错误的数据关联关系，造成所答非所要，很可能产生误导性的结论和决策。

5.5.3 应对措施

数据处理所面临风险主要是敏感信息的泄露，敏感信息可能是个人隐私，甚至涉及电力企业生产、国家安全的重要数据。根据 DSMM 模型，在数据处理阶段，应做好数据脱敏、数据分析安全、数据正当使用、数据处理环境安全及数据导入/导出安全。

1. 权限授权控制

权限授权控制是针对不同用户身份访问资源进行权限的管理控制，避免因权限控制缺失或操作不当引发的操作错误、隐私泄露等各种风险问题。

在内部数据访问环节，在授权业务人员访问各类业务应用系统数据时，通过业务应用系统制定访问控制规则列表，规范业务系统访问模块和权限。在外部数据访问环节，制定外部用户访问控制规则，外部用户访问各类共享的业务应用系统数据时，必须要经过登录认证通过后，方能访问授权范围内的数据。

在数据处理环节，通过数据安全管控平台，严格控制数据使用、分析人员的使用权限，部署运维管理系统（堡垒机），只允许经过运维管理系统（堡垒机）登录认证通过后的运维管理人员，对业务系统数据进行相关操作，严格限制运维管理人员操作权限，控制运维管理人员增、删、改、批量下载等相关操作功能。

在数据导入/导出环节，通过对数据导入/导出过程的安全性管理，防止数据导入/导出过程中可能对数据自身的可用性和完整性构成危害，降低数据被拖库、未经授权导出等可能导致数据泄露的风险。制定数据导入/导出规则，设置专人负责，其余无关人员禁止工作，数据导入/导出履行安全评估和授权审批流程，经运维管理系统（堡垒机）认证通过后方可执行操作。

2. 数据处理监测

数据处理监测是为了监测数据使用过程是否符合数据合规要求，是否符合流程规范，防止违规使用数据，防范数据使用过程中故意或过失的数据操作行为。

数据由数据库抽取到数据分析系统中使用，整个过程通过数据安全管控平台实现统一过程管控，在管理平台上配置数据使用监控策略，监测记录业务人员使用数据的情况，确保数据使用合规。数据访问环节，由应用系统负责对内外部人员访问业务应用系统数据进行检测和记录，由运维管理系统（堡垒机）监测记录运维管理人员的相关操作，对于违规行为及时制止并报警。

3. 数据脱敏

数据脱敏是指通过对敏感的数据进行变形和加密，将处理过的数据呈现在用户面前，从而既能满足数据挖掘的需求，又能实现对敏感数据的有效保护。

在电力数据分析场景中，为防范分析人员数据知悉权限过大，提供给分析人员的数据需经过动态脱敏处理，由数据安全管控平台调用数据脱敏能力抽取数据并经脱敏后，再提供给分析人员使用。

在业务系统测试场景中，为防范测试人员数据知悉权限过大，提供给测试人员的测试数据需要经过静态脱敏处理，由数据安全管控平台调用数据脱敏能力抽取数据并经脱敏后，再提供给测试人员使用。

在业务系统访问场景中，为防范电力企业重要数据和个人敏感信息泄露，内外部人员访问业务应用系统，提供给内外部人员的数据按需进行动态脱敏处理，在业务系统侧部署数据脱敏工具，对数据进行脱敏处理后再供内外部人员浏览访问。

4. 数据库审计

数据库审计是通过对用户访问数据库行为的记录、分析和报警，事后生成审计报告、事故追根溯源，辅助电力企业快速定位事件原因，以便日后查询、分析、过滤，实现加强内外部数据库访问行为的监控与审计，提高数据资产安全的行为。

数据库审计贯穿于数据脱敏的各个阶段，通过严格且详细地记录数据处理过程中的相关信息，形成完整的数据处理记录，定期开展日志记录的安全审计，辅助后续问题的排查分析和安全事件的取证溯源。

系统安全审计覆盖每个用户。对系统重要安全事件（包括用户和权限的增删改、配置定制、审计日志维护、用户登录和退出、越权访问、连接超时、密码重置、数据的备份和恢复等系统级事件，以及业务数据增删改、业务流程定制、交易操作中断等业务级事件）进行审计。审计记录包括事件的日期、时间、事件类型、用户身份、事件描述和事件结果，用户身份应包括用户名和 IP 地址，且应具有唯一性标识。对审计事件类型进行划分，至少应包括系统级事件和业务级事件。审计记录为只读，不能对其删除、修改或覆盖，维护审计活动的完整性，实现方式及措施：自建日志审计系统，对系统重要安全事件进行审计，审计记录至少存储六个月。

利用数据分类分级管理成果，针对访问敏感的数据库表、字段开展重点审计。在数据库操作场景中，部署数据库审计系统，通过镜像流量或探针的方式进行全流量采集。基于数据库流量进行语句和会话分析，进而深度解析 SQL 语句、语义，实现对客户端信息、返回结果集的审计，从用户账户、敏感数据获取量、执行时间、流量情况等综合判断异常信息，及时发现安全事件并告警，记录访问和操作行为，防止权限被滥用，确保数据库操作合规。

5. 数据分析安全管理

在大数据环境下，电力企业对多来源、多类型数据集进行关联分析和深度挖掘，可以复原匿名化数据，进而能够识别出特定个人，获取个人信息或敏感数据。数据分析安全管理主要用于规范数据分析的行为，通过在数据分析过程中采取适当的安全控制措施，防止在数据挖掘和分析过程中，出现个人信息和隐私泄露的安全问题。

一般情况下，一个完整的数据分析流程包括明确数据分析需求、收集数据、建立数据分析模型、评估数据分析模型、实施数据分析、评估数据分析结果等步骤，并由数据分析安全管理部门负责整个数据分析流程的执行与监督，如图 5-11 所示。

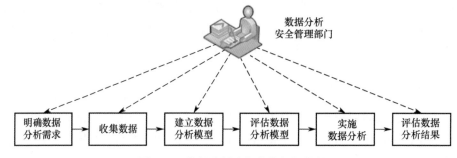

图 5-11　数据分析流程的执行与监督

数据分析安全管理部门为企业提供必要的数据分析技术支持，如制定整体的数据分析安全方案和相关制度，定义数据的获取方式、授权机制、数据安全使用等内容。明确使用哪些数据分析工具，以及相应工具的规范使用方法；针对数据分析结果建立审核机制，针对数据分析过程中的审计机制，确保数据分析结果的可用性和数据分析事件的可追溯性。

6. 数据正当使用

大数据时代环境下，数据的价值越来越高，同时也很容易导致组织内部合法人员因被数据的高价值所吸引而犯下违规或违法获取以及处理和泄露数据的错误。为了防范内部人员导致的数据安全风险，应建立数据使用过程中的相关责任和管控机制。

数据正当使用安全管理的内容包括以下两点。

（1）电力企业需要根据实际情况基于国家的相关法律法规及数据分类分级标准的处置方式标准要求操作，制定数据使用管理制度，明确数据使用权限管理与数据使用管理，保证在数据使用声明的目的和范围内。对受保护的个人信息和重要数据等进行使用和分析处理，避免数据使用权限失控，并防止组织内部合法人员利用违规或违法操作取得的权限进行不正当操作。

（2）数据使用管理制度所涉及的范围包括数据信息系统及数据，包括但不限于电力企业运行的办公自动化系统、业务系统、对外网站系统等所涉及的系统用户权限分配、日常管理、系统及业务参数管理，以及数据的提取和变更。由数据使用监管部门作为主要执行部门，负责数据信息系统及数据权限的分配管理，以及系统数据的提取变更管理。

数据正当使用的流程一般包括提交数据使用申请，评估数据使用范围及内容、审批、授权和记录存档等步骤，如图 5-12 所示。

图 5-12　数据正当使用的流程

7. 数据处理环境安全

数据处理环境安全是指对数据运行环境进行管理与检测，以避免在数据正当使用过程中，由于软硬件故障所造成的数据损坏或丢失的情况，如数据在录入、处理、统计或打印的过程中，由于硬件故障、断电、死机、人为的误操作、程序缺陷和病毒等造成的数据库损坏或数据丢失问题，以及某些敏感或保密的数据可能会被不具备资格的人员操作或读取，从而造成数据泄密的问题。

有效的数据处理环境安全管理可以保护数据在处理过程中不被损坏、丢失或窃取，因此电力企业需要建立数据处理的环境保护机制，保障数据在处理过程中能有可靠的安全管理和技术支持。

电力企业通过建立数据处理平台进行统一管理，采取严格的访问控制，监控审计和职责分离等措施来确保数据处理环境的安全。完善分布式处理节点安全管控，建立物理访问控制和网络访问控制措施，创建运维专区。完善账号管理和身份认证制度，制定加解密策略、审计与溯源制度，避免数据处理环节的环境安全风险。

5.6 数据交换阶段

5.6.1 电力数据交换场景

电力企业中拥有着大量的用户个人隐私数据和企业内部敏感数据，对于此类数据如何进行安全共享是整个数字经济价值最直观的展现。数据交换是指数据经由组织机构内部与外部组织机构及个人交互过程中提供数据的阶段。电力数据开放共享、与社会资源融合应用，是服务国家治理体系和治理能力现代化的重要手段，有助于政府决策、社会发展和民生改善。推进电力数据共享开放，有利于打破部门之间、政企之间的数据壁垒，带动能源数据更大范围、更大规模共享和应用，促进数据这一生产要素自主安全有效流动，催生数字经济新产业、新业态和新模式，助推高质量发展。

区分需求对象及数据用途，将电力数据对外数据交换需求分为政府监管类、公益服务类、商务增值类、公共开放类4个数据场景。

（1）政府监管类数据场景。面向国家监管机构，报送的发用电情况、供电质量等监管信息，以及按照国家法律、行政法规、政策要求需配合提供的相关数据。该类需求可为政府科学管理和决策提供数据支撑。

（2）公益服务类数据场景。面向政府机构或非营利性组织等，从服务中央决策部署落地实施、社会治理现代化等方面，与政府、地质、气象、金融行业等提供的公益性数据服务。该类需求有助于体现企业的社会价值。

（3）商务增值类数据场景。面向电力企业外部各类机构，以新业务拓展和商务增值为目标，结合对方需要打造精准营销、企业征信等数据产品，对外提供数据产品服务。该类需求有利于企业拓展生态圈，实现数据增值变现。

（4）公共开放类数据场景。面向电力企业外部各类机构、电力用户和社会公众等，按照国家和政府要求开放收费标准、用电容量、电费情况等数据，提供相关数据查询服务。该类需求有利于打造开放透明的企业形象。

5.6.2 风险分析

在数据交换阶段，泄露风险主要是数据在未经保密审查、未经泄密风险评估，未意识到敏感数据情报价值而发布。风险威胁可能来自不合规的提供和共享，电力企业缺乏数据使用管控和终端审计，数据提供错误、非授权隐私泄露篡改、第三方过失造成的数据泄露，以及来自外部的恶意入侵、病毒侵扰等情况。

1. 数据超范围共享

数据在多部门、组织之间频繁交换和共享，常态化的流动使系统和数据安全的责权边界变得模糊，权限控制不足，存在数据超范围共享、扩大数据暴露面等安全风险和隐患，如果发生安全事件难以追踪溯源。因此，电力大数据的数据共享开放对安全防护技术提出了更高的要求，如果对数据识别不清、安全级别判断不足、数据权限管理不合理，易发生数据源伪造、传输数据遭窃听篡改、数据非授权使用、数据共享外发泄露等问题。如何适应不断变化的安全管控需求，防止数据在共享过程中不被非法复制、传播、篡改、甚至泄露，已成为当前的重要挑战。

2. 供应链安全风险

为了挖掘数据的更多价值，组织机构通常会将数据共享给外部组织机构或第三方合作伙伴，然而数据在共享的过程中可能会面临巨大的安全风险。一方面数据本身可能具有敏感性，很多企业可能会将敏感数据共享给本应无权获得的企业；另一方面，在数据共享的过程中，数据有可能会被篡改或伪造，所以为了保护数据共享后的完整性、保密性和可用性，对数据共享安全进行管理是十分合理且有必要的。因企业经营需要，电力企业还可能存在利用对外宣发、网站发布、社交媒体发布等途径对外公开企业内部数据，在数据发布的过程中也会出现敏感信息泄露的问题。

3. 数据共享接口易被攻击

在数据共享交换的过程中，通过数据接口获取数据是一种很常见的方式，如果对数据接口进行攻击，则将导致数据通过数据接口泄露的安全问题。电力作为国家关键基础设施，通过攻击电力信息系统获取数据信息，可以分析出攻击目标所在地的用电分布、关键信息基础设施的位置，篡改关键节点监测预警信息、操作指令等关键数据，造成电力系统故障或重大安全事故。

4. 法律和合规风险

如果对外共享的数据包含了电力用户的个人隐私信息，如姓名、地址、电话号码、身份证号等，而没有得到用户的明确同意，或者超出了用户同意的范围使用，都可能侵犯到用户的隐私权，从而违反《中华人民共和国网络安全法》和《中华人民共和国个人信息保护法》等数据安全保护法规，面临罚款甚至刑事责任。

5. 共享风险行为监控手段不足

电力数据共享场景日趋复杂，数据共享过程中随时随地都可能发生越权访问或者篡改数据的情况，再加上电力企业业务流程复杂、内外部人员多样化，现有的安全监控手段无法充分应对电力数据共享过程中的安全问题。当前的安全监控手段大多集中在电力企业内部，对于跨企业甚至跨区域的数据共享监控往往力不从心，尤其是在复杂的供应链网络中，一旦数据流出企业，就难以追踪。同时目前的安全监控手段无法准确捕获并识别所有的异常行为，如越权访问和非法篡改，导致潜在的安全威胁不能及时被发现。

6. 数据导入/导出风险

数据导入/导出操作广泛存在于电力数据共享交换的过程中，通过相关操作，可以对数据进行批量化流转。在数据导入和导出操作的过程中，也可能存在多种风险。例如执行数据导入/导出的操作人员未经授权或授权不当造成数据泄露；临时存储导入/导出数据的介质，如 USB 设备等存在安全隐患，被非法访问或窃取；导入/导出操作缺乏日志记录，导出后无法追踪数据流向等。

5.6.3　应对措施

为保证电力数据交换阶段的安全，电力企业应该保证电力数据在共享、发布及数据接口等阶段的安全。针对数据交换，依据国家法律法规建立数据发布审核制度，结合业务需求和数据分级，明确数据共享策略、规范、范围和安全管控措施策略，确立数据发布者与使用的权责，严格安全评估及授权审批流，可采取如下措施。

1. 健全电力数据资源开放共享管理机制

建议电力企业制定电力数据资源共享交换制度，明确数据共享的原则、流程、监管等内容；根据电力数据的敏感度和重要程度，对数据分级分类，依据级别采取不同的共享控制措施；明确可以对外共享的电力数据资源目录并定期更新，同时在共享数据之前，应清楚界定数据的所有权和使用权，如对数据的访问权限、使用权限、编辑权限等进行明确规定；对于可以被公开访问的数据，建议电力企业制定公共数据开放目录，并制定开放格式、明确授权范围。

2. 利用水印溯源技术

电力企业向社会第三方或者系统内其他部门共享数据时，可通过水印溯源技术，在数据共享分发给外部单位前，先利用水印技术对需共享数据生成唯一标识信息，通过伪行、字符替换、添加不可见字符等方式，而后将水印密钥添加至需共享的数据之后，最后再对外共享。一旦分发数据发生泄露，即可根据水印信息精准溯源，准确定位泄露渠道。

3. 采取多种加密机制

针对共享过程中的数据安全和隐私保护，采用多种加密机制，如代理重加密机制、

ABE[①]、HE[②]以及其他加密机制。

4. 确保数据共享接口安全

在数据交换过程中，通过共享数据接口的安全管控，防范数据在接口调用过程的安全风险，对不安全的数据输入进行转义、过滤等操作，数据对外共享结果数据以服务型 Restful API[③] 网关的方式供第三方调用，内部通过 API 认证和鉴权的方式，保证 API 接口调用的安全；原则上不共享明细数据，只共享分析结果数据。采取敏感数据识别、数据脱敏、水印等措施确保数据对外使用安全。

5. 加强对数据共享用户或终端的身份鉴别、权限控制、安全审计

采用加密传输措施保护、分析域数据导出保密性、完整性和可用性，明确共享双方的责任与权限，对范围、内容进行审核，采用数据加密、脱敏、溯源等技术加强共享数据的安全保护。在数据交换过程中的安全保护，通过安全合规管理平台的安全管控流程，结合数据脱敏、水印等工具的安全审计能力实现，经流程审批和数据确认后，数据提供至内外部企业、机构，并记录数据交换的相关记录。

6. 加强数据导入/导出安全

数据导入/导出操作广泛存在于数据交换过程中，如果没有安全保障措施，攻击人员可能会通过非法技术手段导出非授权数据，或者导入恶意数据等，从而造成数据篡改和数据泄露的重大安全事故。电力企业应建立数据导入/导出安全规范，以及相应的权限审批和授权流程，同时还需要建立导出的数据存储介质的安全技术标准，保障导出介质的合法合规使用。数据导入/导出的流程一般包括明确导入/导出的数据、提供数据导入/导出的申请、评估数据导入/导出的范围及内容、审批授权、明确导出的数据存储介质安全要求、审计及溯源等步骤。

7. 做好个人隐私保护

对于用户个人信息等隐私数据来说，建议采取隐私保护技术进行数据防护，如数据扰乱技术、加密与密钥管理技术、安全多方计算技术、数字签名技术、秘密共享技术、身份认证和访问控制技术等。

---

① 基于属性的加密机制（Attribute-Based Encryption，ABE）：根据属性加密消息，无须关注接收者的身份，只有符合属性要求的用户才能解密密文。

② 同态加密机制（Homomorphic Encryption，HE）：同态加密算法是一种加密算法，设计用于对加密数据进行数学式运算。

③ 应用程序接口（Application Programming Interface，API）：是提供特定业务输出能力、连接不同系统的一种约定。

5.7　数据销毁阶段

如前所述，数据采集传输后，最终都存储在存储介质中，作为物理实体，存储介质需要及时更新，此时淘汰下来的存储介质就会面临数据销毁的问题。随着存储成本的进一步降低，很多企业采取了"保留全部数据"的策略，然而从价值成本角度来说，存储超过业务需求的数据未必是个好的选择，因此对一些没有使用价值的数据进行销毁是十分必要的。

数据销毁是指计算机或设备在弃置、转售或捐赠前，采用各种技术手段将计算机存储设备中的数据予以彻底删除，避免非授权用户利用残留数据恢复原始数据信息，造成敏感信息泄露，达到保护关键数据的目的，数据销毁场景如图 5-13 所示。由于信息载体的性质不同，与纸质文件相比，数据的销毁技术更为复杂，程序更为繁琐，成本更为高昂。在电力行业，出于保密要求存在着大量需要进行销毁的数据，只有采取正确的销毁方式，才能达到销毁目的。数据销毁方式可以分为软销毁和硬销毁两种。

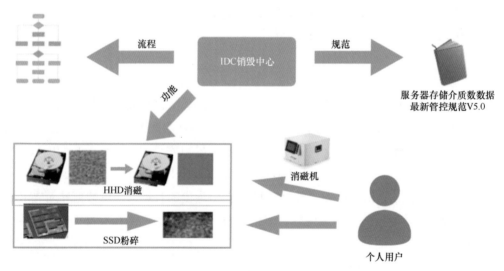

图 5-13　数据销毁场景

第一种：软销毁。软销毁又称逻辑销毁，即通过数据覆盖等软件方法销毁数据。数据覆写是将非保密数据写入以前存有敏感数据的硬盘簇的过程。

第二种：硬销毁。数据硬销毁是指采用物理破坏或化学腐蚀的方法把记录涉密数据的物理载体完全破坏掉，从而从根本上解决数据泄露问题的销毁方式。物理销毁根据电子数据载体的物理特性和化学特性，可采取强磁场消磁、粉碎、切割、溶解、化浆、打磨、焚化、熔化、熔融和压轧等方法对载体进行销毁。目前的存储介质，一般包括磁介质、光盘、半导体介质。磁介质销毁方法主要有强磁场消磁、熔化、焚化、溶解和切割等；光盘销毁方法主要有粉碎、切割、压轧、溶解、打磨、熔化和熔融等；半导体介质销毁方法主要有熔化、粉碎和切割等。对于云资源数据销毁的情况来说，当发生整片云下线、腾退等情况时，宜使用数据擦除的方式，云中需要维修、更换硬盘的情况，被替换下来的硬盘可使用数据销毁的方式。

另外，根据电子数据载体销毁后残留物或残片上的信息残留情况及残留信息恢复的难易程度，载体销毁等级由高到低分为两级。

（1）一级销毁：载体销毁后形成的残留物或残片上不存在信息，或不存在任何有价值的信息，采用现有的技术措施无法重组恢复出有价值的信息，可直接废弃。

（2）二级销毁：载体销毁后形成的残留物或残片上仍含有信息，存在被恢复出有价值信息的风险，在信息涉密程度许可的情况下可以使用。

5.7.1 风险分析

数据文件通常存储在 U 盘、硬盘和光盘中。其中 U 盘采用半导体介质存储数据，是纯"数字"式存储，没有剩磁效应，只需进行完全覆盖操作就能安全销毁数据，因而销毁难度较小。光盘的脆弱性也降低了物理销毁的难度，实现起来相对比较容易。但存储介质管理、介质销毁和云上数据擦除等方面，存在一定风险。

1. 存储介质保管不当

数据文件通常存储在 U 盘、硬盘和光盘中，可能存在物理损坏，如被压碎、磕碰、过热或过冷等，导致数据无法读取或完全丢失。如果不能正确地使用或存储介质，例如在未进行数据备份的情况下频繁进行读写操作，或者使用不可靠的存储介质，均会导致数据丢失。如果存储介质没有进行必要的安全保护，例如介质内数据没有加密或者不小心丢失，那么存储在里面的数据可能会被未经授权的人员获取，造成数据泄露。如果存储介质暴露在不适宜的环境中，湿度过大、温度过高或者过低、有强烈的磁场等，都可能导致存储介质的性能下降或者损坏。另外所有的存储介质都有寿命的限制，如果超出寿命范围，存储介质会失效导致数据丢失。因此，定期更换或检查存储介质是非常重要的。

2. 销毁流程不规范

大规模数据中心多采用硬盘作为存储介质，硬盘中数据是随机存放在数据区的，只要数据区没有被破坏，数据就没有完全销毁，就存在恢复的可能。此外，每块硬盘在出厂时其扇区上都会保留一小部分存储空间，这部分保留起来的存储空间被称为替换扇区，由于替换扇区处于隐藏状态，所以操作系统无法访问该区域。而持有固件区密码的硬盘厂家却能访问替换扇区内的数据。因此，要安全销毁硬盘数据，不仅要销毁标准扇区中的数据，还要销毁替换扇区中的数据。

由于磁介质会不同程度地永久性磁化，所以磁介质上记载的数据在一定程度上是抹除不净的。同时，由于每次写入数据时磁场强度并不完全一致，这种不一致性导致新旧数据之间产生"层次"差，即硬盘存在剩磁效应。剩磁及"层次"差都可能通过高灵敏的磁力扫描隧道显微镜探测到，经过分析与计算，对原始数据进行"深层信号还原"，从而恢复原始数据。尽管普通企业和个人难以得到这种尖端设备，但对于间谍机关来说却绝非难事。据不确切消息透露，美国军方甚至具备恢复被覆盖 6 次以上数据的能力。

因此，当采取删除、格式化等常规操作来"销毁"数据时，事实上数据并没有被真正销毁，在新数据写入硬盘同一存储空间前，该数据会一直保留，从而存在被他人刻意恢复，导致敏感数据泄露的风险。

3. 云存储数据存在残留风险

若数据采用云存储，云端数据的销毁也存在一定的残留风险。云服务供应商，为了优化资源分配、实现定期备份，提高可用性，服务供应商会移动或复制数据，这样才能在多租户环境中优化资源的使用情况。并且数据会在多个数据中心间共享，数据被数据所有者移动，或者是在公共云里被服务供应商移动，原本位置的数据应该要擦除，如果数据没有擦除干净，就有可能产生安全问题，也可能出现未经授权访问残留数据的问题。

5.7.2 应对措施

为了满足合规要求及组织机构本身的业务发展需求，组织机构需要对数据进行销毁处理。因为数据销毁处理要求针对数据的内容进行清除和净化，以确保攻击者无法通过存储介质中的数据内容进行恶意恢复，从而造成严重的敏感信息泄露问题。建议电力企业采取以下应对措施。

1. 加强待销毁介质管理

制定数据销毁安全管理制度，明确数据销毁工作责任，制定数据销毁策略和管理制度。根据数据安全分级和场景需要，确定数据销毁手段和方法，确保销毁数据不可复原。对于销毁介质的管理，需要按照纸质介质和电子介质进行不同处理，同时也需要对核心数据和一般数据进行区分。

（1）纸质材料的销毁

首先需要对纸质材料进行分类和标记，区分核心数据和一般数据，确保对于敏感信息进行更严格的管理。对于非核心数据的纸质材料，可以采用传统的切割方法进行销毁；对于涉及核心数据及重要数据的纸质材料，应采用更安全的方法，例如用碎纸机粉碎或集中送至专业的数据销毁机构进行统一销毁。销毁操作需在专人监督下进行，以防止敏感数据被不当处理或泄露。

（2）电子介质销毁

对电子数据进行分类和标记，区分核心数据和一般数据。对于一般数据，可以采用软销毁的方式，例如采用格式化、数据擦除工具等进行销毁。对于核心数据及重要数据的销毁，应采用硬销毁的方式，例如物理损坏硬盘、利用磁力消除器等工具，或者送至具备相应数据安全资质的企业进行统一销毁，以确保数据无法恢复。

（3）云上数据擦除

对于云资源中的数据销毁，首先应依照云服务提供商的数据销毁规范进行操作，利用相应的数据销毁工具或 API 对需要销毁的数据进行删除操作。接下来应进行加密密钥的销毁，由于云上数据通常会被加密存储，因此在删除数据后，应立即销毁相应的加密密钥，防止未授权用户获取和恢复已删除的数据。如需进一步降低数据被恢复的可能性，还需要进行数据去映射操作，消除数据和其物理存储位置之间的关联，因为即便数据被删除、加密密钥被销毁，但只要数据的存储位置仍然存在，就可能存在恢复的风险。最后一步是进行物理覆盖，将存储区域回收进行重新分配，实现对已删除的数据区域进行物理覆盖，确保原数据无法恢复。

2. 强化销毁流程管控

电力企业需要制定数据销毁审批流程及数据销毁监督流程，数据销毁流程如图 5-14 所示。在数据销毁过程中，为了防止攻击者通过对存储介质进行数据恢复操作，以至造成数据泄露的安全问题，组织机构需要对被替换或淘汰的存储介质进行销毁，按照数据泄露程度的许可，对存储介质按照不同的销毁策略严格销毁。另外，应加强数据销毁工作的审

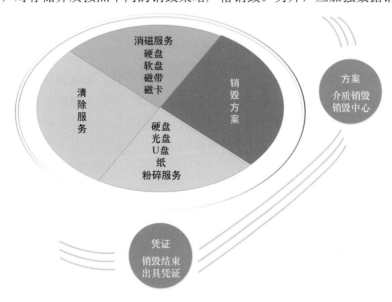

图 5-14　数据销毁流程

批和登记，对销毁操作进行定期审计，所有销毁操作都应有详细的记录，包括销毁的数据内容、时间、操作人员等，以便日后进行审计，定期检查数据销毁是否按照规定和流程进行。

制定针对性介质销毁监控机制，为介质销毁审批人员（技术人员）进行专门的安全意识培训，确保其可以按照国家相关法律法规和标准销毁存储介质，以及加强对介质销毁人员的监管。

5.8　运维环节的安全风险

5.8.1　风险分析

电力数据除了在全生命周期过程中有各种安全风险，在系统的运行维护过程中还存在其他的数据安全风险点。

1．对第三方人员及合作单位管理不善导致的数据安全风险

部分电力企业由于自身运维团队人员不足、网络安全水平不够，严重依赖第三方建设单位承担系统运维工作，缺少明确的运维职责划分；同时可能对派驻的第三方人员管理不足，第三方开发人员或者代运维人员往往拥有管理员权限，甚至还可能给第三方单位开放远程运维权限，存在权限开放不当导致数据泄露的安全风险。第三方人员还可能利用开发源代码、上线调试等机会，遗留系统漏洞，内置软件后门，非法窃取敏感信息。此外，在合作过程中给第三方发送了包含内部数据的机密资料，如果相关人员及单位数据安全意识淡薄，则可能导致相关资料缺乏相应的管控措施，容易出现二次泄密的风险。

2．系统运维过程中存在操作不受控风险

在运维人员进行系统运维过程中，运维人员行为不受控，如误操作导致数据被删除，且部分电力企业对数据安全评估及日志审计的手段欠缺，导致大数据平台无法对用户的操作行为进行有效监控，当发生数据泄露等情况时也无法进行追责。同时缺乏数据追踪溯源手段，一旦出现安全事件，无法及时定位数据的责任方及泄露点。

3．终端设备送外维修导致数据泄密

部分电力企业对终端维修管理工作不严格，在对计算机和复印机等终端设备运维过程中，可能出现内部运维人员对终端损坏，自己无法修复的设备送外部单位进行维修的情况，但有可能存在在外部维修前未拆除硬盘或对于维修过程无人看管，而最终导致硬盘中保存的企业数据外泄的问题。尤其是部分企业会忽略复印机数据泄密的风险，忽视对文印安全的管理，而目前的复印机大都有自动存储功能，内存中会保存近期打印过的材料，并且在对复印机格式化后仍可恢复数据。

5.8.2 应对措施

1. 加强对第三方合作单位及第三方人员的安全管理

严格控制第三方人员及单位的远程运维操作，尽量避免远程运维情况出现，且加强企业自身人员运维技能培训，明确运维人员的职责和工作标准，签订安全承诺书，定期对运维人员进行履职考核，进行奖惩。

2. 建立规范化的运维管理制度体系

制定运维管理制度、运维管理策略和操作规程等，针对各种安全问题提出的具体对策和解决方案，对运维人员和运维操作的进一步细化。

3. 建立规范化运维技术手段

借助运维堡垒机及运维管理平台等技术手段协助运维人员开展运维工作，实现规范化运维设备和流程管控。例如通过运维堡垒机限制不同运维人员可以访问不同的系统和设备，并记录所有运维人员的运维操作，如操作人员、操作时间、操作的系统和设备、执行的具体命令等。

5.9 本章小结

本章结合电力行业业务特点，对电力大数据从采集、传输、存储、处理、交换、销毁以及运维过程中所面临的安全风险进行了分析，并介绍了各个阶段应采取的具体安全防护措施。通过分析不难发现，每个环节都具有其特殊性和复杂性，每个环节的安全防护都不容忽视。因此，电力数据的安全防护必须覆盖数据的全生命周期，必须建立在全过程的基础之上。这意味着我们不仅需要关注数据在使用中的安全，还要关注数据在非活动状态的安全，每个环节都要有相应的技术和管理手段进行保障。

在数据安全防护工作中，一个重要的方法是借鉴和学习已有的经验和教训。因此，接下来的内容中，笔者将通过分析电力行业近几年发生的一些数据安全典型事件，进一步提高我们对电力数据安全的认识和理解，从而更好地指导电力企业在实际工作中进行有效的数据安全防护。

【出鞘】剑出鞘伤人，入鞘无危。网络安全技术是一把双刃剑，是该出鞘还是入鞘？是造福人类还是危害社会？典型的网络安全事件将为您带来警示与教训。

Chapter 6 ｜第六章｜

出鞘：电力行业数据安全典型事件

　　近些年来，国内外发生了多起针对能源系统的网络攻击行为，造成了重大影响和经济损失，典型案例如乌克兰电厂遭黑客攻击导致大面积停电事件、伊朗核电站遭病毒攻击事件，电力行业网络安全形势日益严峻。

　　一方面，电力系统作为国家关键信息基础设施，已然成为国家之间"网络战"重要的攻击对象；另一方面，如何完善网络安全防护体系，提高网络安全性能，保证电力系统各项业务的安全性、稳定性及可靠性，也成为电力行业网络安全从业者所关注的重要问题。

　　本章将从电力行业黑客攻击典型案例开始，带你了解电力行业数据安全的典型案例。

6.1　电力行业黑客攻击典型案例

　　电力行业作为我国的关键基础行业，很容易受到黑客的网络攻击，如图 6-1 所示，固而对电力系统的安全性、稳定性也提出了巨大的挑战。本节从乌克兰和委内瑞拉两国电力系统遭受攻击典型例子为切入点，剖析事故的历史背景、黑客攻击的经过、出现的问题，并给出了相应的预防措施。

图 6-1　黑客攻击电力行业

6.1.1 乌克兰电力系统遭受攻击

1. 事件背景

2015 年 12 月 23 日当地时间下午 15:35 开始，乌克兰普里卡帕亚（Prykarpattya）、切尔尼夫齐（Chernivtsi）和基辅（Kyiv）3 家区域电网配电公司在 30 分钟内接连遭到恶意代 BlackEnergy（黑暗力量）的 APT[①]攻击，直接导致 7 座 110 kV 和 23 座 35 kV 变电站出现故障，SCADA 系统致盲。同时，攻击者在线下对电力客服中心进行 DDoS[②]攻击，致使电话服务系统被阻塞、对外及时报警失败。攻击发生地位于位于乌克兰西南的伊万诺—弗兰科夫斯克区域，近 22.5 万居民受到此次停电影响，停电时间达 3～6 小时，损失负荷约 73 MW（占乌克兰每日总负荷 0.015%）。据披露，BlackEnergy 随后企图对乌克兰电网发动第二波进攻，庆幸的是该次进攻被及时发现并被阻止。

2. 攻击过程推演

在 2015 年的网络攻击事件中，黑客运用了线上攻击和线下攻击 2 种手段，同时对乌克兰电网主控系统、SCADA 系统以及用户服务反馈系统进行攻击。结合乌克兰电网官方和相关安全组织披露的信息，依据网络杀伤链（Cyber Kill Chain）模型，可将网络攻击分解为四个阶段，分别是：（1）入侵电网运营商的计算机系统；（2）破坏控制系统；（3）切断电力供应；（4）破坏电网恢复系统。整体攻击过程如下所示。

（1）入侵电网运营商的计算机系统

攻击者使用了钓鱼邮件和恶意软件入侵乌克兰电网运营商的计算机系统。攻击者利用社会工程学手段，在 2014 年 5 月与 2015 年 6 月的这一年时间里向电力公司员工发送伪装成内部邮件的恶意邮件，如图 6-2 所示。攻击者在该邮件中嵌入一个恶意 Office 表格文件（.xls 格式），如图 6-3 所示，该文档被预先植入了病毒。攻击者还使用乌克兰语进行了提醒，诱导受害者启用宏（打开附件时就会自动运行宏代码）。一旦恶意软件被安装在电网运营商的计算机系统上，攻击者便能够利用恶意软件进行后续的攻击。

（2）破坏控制系统

攻击者使用 BlackEnergy 恶意软件攻击了电网控制系统，该系统包括自动化控制设备和 SCADA 系统。攻击者突破了电网的网络安全和身份验证机制，从而能够访问控制系统。接下来，攻击者使用 KillDisk 恶意软件对电网控制中心的计算机和控制设备进行破坏。KillDisk 破坏了存储设备上的文件，包括备份文件，使电网控制中心无法访问电力网络的配置信息，也无法执行操作指令。

[①] 高级持续性威胁（Advanced Persistent Threat，APT）：利用先进攻击手段对特定目标进行长期持续性攻击的攻击形式。

[②] 分布式拒绝服务（Distributed Denial of Service，DDoS）：利用大量合法的分布式服务器对目标发送请求，从而导致正常合法用户无法获得服务。

图 6-2　邮件内容

图 6-3　Excel 内容

BlackEnergy 于 2007 年首次出现，最初是一个简单的能够进行 DDoS 攻击的僵尸网络工具，随着时间的推移，它不断演变成为一个功能强大的远程控制工具，如图 6-4 所示。在 2008 年俄格冲突期间，BlackEnergy 针对格鲁吉亚实施网络攻击；2014 年，BlackEnergy 攻击了乌克兰的能源部门，这被认为是第一次成功攻击国家基础设施的行动；2015 年，BlackEnergy 针对乌克兰的电力系统发起了一次更大规模的攻击。

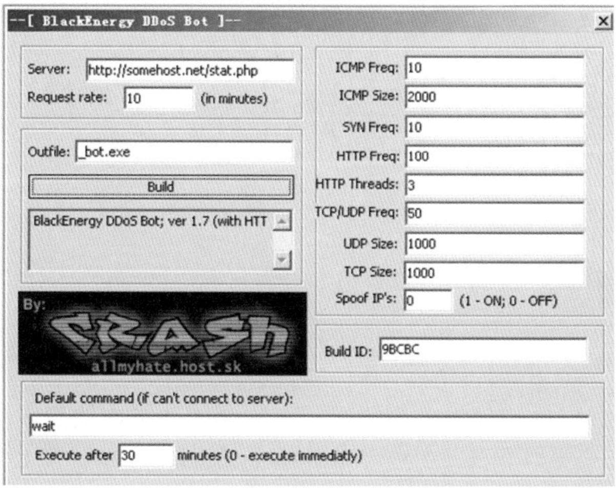

图 6-4　BlackEnergy 构建程序

（3）切断电力供应

攻击者通过在电网控制中心中执行一个名为"Disconnect Command"的操作控制了电网的控制系统，将供电系统从电网中隔离，导致乌克兰多个城市的电力供应中断，造成包括乌克兰首都基辅在内的多个城市的 22.5 万户家庭和企业受到影响。据报道，此次断电造成了严重的社会混乱和安全问题。

"Disconnect Command"通过发送特定指令来切断网络设备与其所连接网络之间的联系。这种指令可以被用来远程控制受感染的设备，并在攻击者需要时随时进行网络隔离或关闭目标设备。通常，这种指令可以通过远程控制软件或恶意软件的命令控制中心发送。在网络攻击中，"Disconnect Command"通常被用于控制和破坏目标系统的运行和通信，从而达到攻击者的目的。

（4）破坏电网恢复系统

在电网恢复的过程中，攻击者继续实施攻击。使用 BlackEnergy 恶意软件和 Trojan Industrial Protocol[①]恶意软件攻击电网的恢复系统，从而让电力公司难以顺利恢复电力供应。

乌克兰电厂遭受攻击过程，如图 6-5 所示。

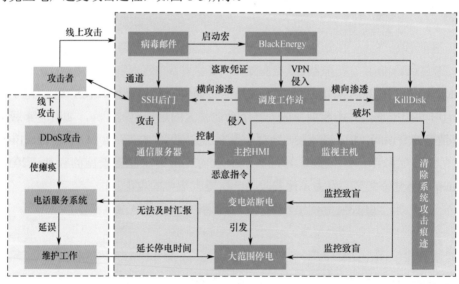

图 6-5　乌克兰电厂遭受攻击过程示意图

6.1.2　委内瑞拉电网遭受攻击

1. 事件背景

2019 年 3 月 7 日，委内瑞拉电网遭受了一次全国范围内的黑客攻击，电力系统濒临

---

① Trojan Industrial Protocol：该恶意软件是一种专门针对工业控制系统（ICS）的木马病毒。它会利用控制系统的协议漏洞，潜入目标系统并获取控制权。

瘫痪，导致该国大部分地区的电力供应中断，多个城市出现断电现象，交通、通信等基础设施都受到了极大的影响。民众的生活秩序被打乱，整个国家的人民陷入恐慌之中。这次攻击造成的影响范围大、破坏性强，被列为历史上针对电力系统的最严重的网络攻击事件之一。

2. 攻击过程推演

根据已知的报道和分析，此次攻击过程分为以下三个步骤。

（1）攻击者可能利用了各种漏洞和攻击工具，渗透到电网内部，并获取了系统的控制权。具体包括利用密码猜测、社会工程学等方式获取管理员账户的访问权限或利用已知的漏洞进入系统。

（2）攻击者利用获取的控制权进行了各种恶意操作，包括关闭发电机、断开电缆和电源线等，导致了电网大面积停电。

（3）攻击者采用了各种技术手段掩盖行踪，例如使用代理服务器、虚拟专用网络（VPN）等技术，并在攻击完成之后，清除痕迹。

6.1.3 暴露的问题

通过以上两个电力系统被攻击的案例，给我们的经验教训和启示，可总结为以下 4 个方面。

（1）缺乏安全意识和培训：员工缺乏对网络安全威胁的认识和了解，缺乏必要的安全意识和培训，风险意识不强，无法识别和应对攻击。

（2）基础设施老化：电力系统的基础设施老化，缺乏更新和升级，存在易受攻击的漏洞和弱点，导致易受攻击。

（3）缺乏备份和灾难恢复：电力系统缺乏足够的备份和灾难恢复计划，导致事故发生之后难以从攻击中恢复。

（4）缺乏安全审计：电力系统缺乏必要的安全审计措施，使得攻击者可以轻松地入侵系统并掩盖他们的痕迹。如果系统没有进行适当的监视和审计，那么攻击者可能会长期随意进出系统，持续进行破坏。

6.1.4 应对措施

根据以上两个电力系统被攻击的案例，我们可以采取的应对措施，主要分为以下 4 个方面。

（1）提升员工安全意识：进行网络安全教育和培训，提高员工网络安全意识和能力，让员工更加清楚地了解网络安全风险和应对措施，从而更好地保护电力系统安全。

（2）加强网络监测：利用 IDS 和 SIEM 等技术，实时监测电力系统的网络流量和事件，及时发现异常行为，并做出响应，尽最大可能减少电力系统的损失。

（3）恢复备份数据：针对被攻击的电力数据进行恢复备份。定期备份数据可以在遭受攻击时最大程度地减少数据损失和业务中断时间。

（4）网络安全加固：针对电力系统暴露的漏洞，对电力系统进行加固，封堵漏洞，加强网络安全措施。可以采用网络防火墙、入侵检测系统、数据加密等技术进一步提升网络安全水平。

6.2　供应链安全引发数据泄露事件

供应链（Supply Chain）是指从原材料供应商到最终用户的整个产品生命周期过程中涉及的所有组织、资源、活动和信息的集合。它是一个复杂的网络，包括生产商、供应商、分销商、零售商、物流公司等众多参与方。供应链管理旨在协调这些参与方的活动，以实现最优化的生产、库存和运输效率，并提供最佳的客户服务。

供应链可以分为以下几种类型。

（1）生产供应链：包括原材料的供应、生产、组装、制造和交付产品等过程。

（2）物流供应链：主要涉及产品从生产厂商到最终用户的配送、存储和运输等过程。

（3）服务供应链：包括从服务提供商到最终用户的服务供应和交付过程，如 IT 服务、金融服务等。

（4）信息供应链：涉及与供应链相关的数据和信息的采集、分析和共享等过程，以便更好地管理和协调整个供应链。

（5）金融供应链：指金融机构为供应链成员提供融资、保险、支付等金融服务的过程。

（6）逆向供应链：指在产品生命周期结束时，将产品回收并加以处理、重组或回收利用的过程。

在信息安全领域中，供应链风险指的是攻击者通过渗透供应链中的一个或多个组织，进而获得对目标组织的访问权限、数据和资源的能力。供应链攻击已成为一种普遍的攻击手段，攻击者通常会利用供应商的弱点，比如缺乏足够的安全措施、不安全的网络连接和操作不当等，来攻击目标组织。

近年来，针对软件供应链的攻击案例逐渐增多。埃森哲公司 2016 年调查显示，超过 60% 的网络攻击源于供应链攻击。2020 年 6 月，网络安全服务商 BlueVoyant 调查表明，80% 的受访企业曾因供应商遭受攻击而发生数据泄露。供应链攻击可能影响数十万乃至上亿的软件产品用户，并可能进一步带来窃取用户隐私、植入木马、盗取数字资产等危害。

6.2.1　Equifax 公司信息泄露事件

1．事件背景

2017 年 9 月，美国三大信用评级机构之一的 Equifax 发生了一起重大的数据泄露事件。Equifax 是美国最大的信用报告与评分公司，为电力企业提供客户身份验证与欺诈检测服务，其数据泄露给美国电力行业的数据安全带来极大隐患。事件导致了超过 1.45 亿人的个人信息泄露，包括姓名、社会安全号码、出生日期、家庭住址等敏感信息。据报道，这是有史以来最大的一起个人信息泄露事件之一。

事件起因是 Equifax 旗下的 argued 网站存在漏洞，黑客于当年 5 月到 7 月间利用 Apache Struts 的漏洞在 Equifax 系统中安装了 Web Shell，获取了管理员权限，然后窃取了大量用户数据。Apache Struts 是一个广泛使用的开源框架，可用于构建 Java Web 应用程序。Equifax 在发现该漏洞后并未立即采取措施加以修复，导致黑客有机可乘。

事件公开后，Equifax 受到了广泛批评和谴责，公司 CEO 宣布辞职，股价暴跌，还面临着大量的法律诉讼。

2．攻击过程推演

此次数据泄露事件的原因比较简单，具体的过程分为以下两步。

（1）Equifax 旗下的 argued 网站存在第三方 Apache Struts 组件漏洞，但未及时处理。

（2）黑客利用漏洞在 Equifax 系统中安装了 Web Shell，获取了管理员权限，然后窃取了大量用户数据。

6.2.2　SolarWinds 供应链攻击事件

1．事件背景

2020 年 12 月，美国网络安全公司"火眼"（FireEye）公布了一项大规模供应链攻击行动的部分细节。被攻击者是一个名叫"太阳风"（SolarWinds）的公司，它负责管理全球大量企业和政府机构的 IT 基础设施。黑客攻击者利用 SolarWinds 设计的 Orion 软件系统漏洞，在软件更新包中植入恶意软件，导致大量使用该软件的客户"中毒"。黑客组织悄无声息地搜集信息、监控通信，获取了数千个使用该软件的组织的相关权限以及敏感数据。

这些组织中包括美国国务院、国防部等政府核心部门和微软、思科等科技巨头公司，其中也包括电力等能源公司。此次攻击隐藏长达 9 个月，对全球多个国家和地区的 18000 多个用户造成影响，被认为是"史上最严重"的供应链攻击。不过幸运的是，最终这场危机被有关部门发现并采取有效措施得到了解决。

2. 攻击过程推演

综合 SolarWinds、微软、火眼、赛门铁克等美国安全厂商，中国网络安全厂商奇安信、瑞士安全厂商 Prodaft 等发布的事件研究报告，主要攻击流程可以概括为以下三步。

（1）攻击者通过某种方式实现了对 SolarWinds 网络的初始访问，进入 SolarWinds 的软件仓库（SVN）服务器（最有可能的方式是因为 SolarWinds 软件仓库服务器存在的弱密码"solarwinds123"）。

（2）在软件仓库中的 Orion 软件源码中植入 Sunburst 后门。FireEye 将该恶意软件命名为 Sunburst，微软则命名为"太阳门"（Solorigate）。该文件具有合法数字签名并伴随 Orion 软件发布到 SolarWinds 更新网站上。

（3）用户安装 Orion 软件更新包后被植入木马。一旦 Orion 产品用户安装了更新，恶意 DLL 文件将由合法的 SloarWinds 执行程序加载，并伪装成正常的通信流量，以躲避检测。

通过该渠道，APT 黑客组织获得了目标机构的业务系统、网络设备、IT 基础设施以及数据库的最高管理权限，这让黑客组织能够长期地控制目标网络并窃取核心数据，而不被发现。

6.2.3 暴露的问题

通过以上两个案例，我们可以从中发现电力行业供应链存在的安全问题。

（1）供应链产品和服务可靠性不足：供应链产品可能存在潜在漏洞，每当企业添加新的软硬件设施时，也增加了潜在风险性。部分供应链服务商为便于后续产品维护，在关键信息基础设施中设有后门，被攻击者利用后进行非法控制。

（2）供应链网络安全管理缺失：不能及时发现第三方供应商网络受入侵和软件遭受植入恶意代码的情况，导致后门程序逐步扩散，显现出数据安全意识和持续监测的不足。

（3）安全防护措施缺乏：由于合作关系，供应链的企业之间过于信任，从而对供应链产品和服务的安全防护措施不足，无法阻止恶意程序的规模扩散。在软件供应链的设计开发、运维测试、交付使用的整个生命周期中，每个环节都可能遭受攻击，一旦成功，将对供应链后续环节造成威胁，危害个人、企业甚至政府机构。

（4）事件响应不力：事件响应速度缓慢，未能迅速采取隔离等应急措施，导致事件影响扩大。

6.2.4 应对措施

根据以上两个案例暴露的问题，电力行业可以采取以下应对措施。

（1）加强全环节管理：针对软件供应链的各个环节，采取零信任网络安全框架进行动态防护，做到"永不信任，始终验证"，有效阻止网络攻击者的相关活动。

（2）及时更新和升级软件：保持操作系统、应用程序和固件的最新版本，减少软件供应链的风险。

（3）加强审计和监控：电力企业应加强对关键供应商和第三方软件的安全审计和监控。通过监控网络行为和流量，及时发现异常行为和攻击事件，记录日志以便事后溯源和分析。此外，持续不断地关注漏洞管理，及时扫描和修复漏洞，特别是已知漏洞，以避免被攻击。

供应链攻击事件对全球各国供应链和关键基础设施安全防御体系而言都富有极大的冲击性，暴露了全球各国网络安全策略的软肋。第三方伙伴和供应链依旧是工控领域内最大的风险来源，特别是对电力系统造成了巨大的威胁。为加强科技赋能，电力企业与诸多科技企业展开合作，这些企业很有可能成为供应链攻击的目标，需要我们加强安全防护。

6.3　内部人员由于安全意识淡薄导致数据泄露

内部人员由于安全意识淡薄可能会导致系统出现漏洞，黑客可以利用这些漏洞获取敏感信息、破坏系统或远程操控设备等。这种攻击方式是非常常见的，因为它们通常是由人为错误引起的，而不是由黑客使用技术手段入侵系统造成的。

6.3.1　APT 黑客组织"蜻蜓"入侵美国电网

1. 事件背景

APT 黑客组织"蜻蜓"入侵美国电网事件发生在 2017 年。此事件由美国国家安全局（NSA）与安全公司 ESET 联合披露，蜻蜓黑客组织入侵了美国电力的控制系统，并通过恶意软件实现了对电力系统的控制。这一事件再次引起了关于网络攻击对国家安全的威胁的讨论。据报道，"蜻蜓"黑客组织的攻击行动采用了精密的攻击方式和恶意软件，以绕过美国电力系统的安全防护措施。黑客组织利用恶意软件实现了对电力系统控制器的控制，并能够远程操纵该控制器，对电力系统进行干扰和破坏。

该事件引起了美国政府的高度重视，美国政府随后发布了多项政策和措施，以加强对关键基础设施的网络安全防护。

2. 攻击过程推演

根据一些专业机构和专家对 APT 黑客组织"蜻蜓"入侵美国电网事件的分析，攻击过程可分为以下 4 个步骤。

（1）钓鱼邮件攻击：蜻蜓黑客组织利用社会工程学手段，向目标电力公司的员工发送钓鱼邮件，诱使他们点击恶意链接或下载恶意附件。这些恶意链接或附件可能包含恶意代码或远程访问工具，用于获取受害者的登录凭证或对其计算机进行远程控制。

（2）渗透攻击：一旦黑客获得了电力公司员工的登录凭证，他们就可以使用这些凭证登录电力系统，进一步渗透和控制该系统。黑客组织可能使用各种工具和技术，如漏洞利用、口令猜测和社会工程学攻击，渗透和控制电力系统。

（3）端口扫描和漏洞利用：黑客组织可能会使用端口扫描工具，扫描电力系统的开放端口和漏洞，以便发现可以利用的漏洞进行攻击。他们还可以使用专门的漏洞利用工具，如 Metasploit 和 Exploitdb，以便利用发现的漏洞进行攻击。

（4）恶意软件安装和远程访问：一旦黑客组织成功入侵电力系统，他们可能会安装恶意软件，例如后门程序、远程访问工具和键盘记录器等，以便在未来远程控制该系统。这些工具可以帮助黑客组织绕过系统的安全防护措施，进一步渗透和控制电力系统。

6.3.2 乌克兰某核电厂发生重大网络安全事故

1. 事件背景

在 2021 年 7 月，位于乌克兰南部尤兹努克兰斯克（Yuzh-noukrainsk）市附近的一家核电厂出现了严重的网络安全事故。据报道，数名该核电厂的雇员将其内部网络连接至公共网络，以便进行加密货币的挖掘，事故被列为国家机密泄露事件，乌克兰特勤局在对该核电站的突击搜查中，发现了一批专门用于挖掘加密货币的设备。报道指出，一些国家机构中的设备拥有强大的计算能力，并且通常拥有稳定的电力供应，因此，该类机构的雇员可能会利用其职务之便进行加密货币的挖矿行为。

2. 攻击过程推演

乌克兰某核电厂发生重大网络安全事故的事件的攻击过程推演如下。

（1）攻击者使用钓鱼、恶意软件、漏洞利用或其他手段获取核电厂的访问凭证。

（2）攻击者使用这些访问凭证登录到核电厂的内部网络中，并在不被察觉的情况下渗入该网络。

（3）攻击者将其计算机或专门用于挖掘加密货币的设备连接到核电厂的内部网络中，通过这些设备进行加密货币的挖掘。这种行为将消耗核电厂的计算资源，并可能导致系统崩溃或出现其他故障。

（4）攻击者利用其访问权限，获取核电厂的敏感信息，例如技术数据、设计图纸或控制系统的信息。

（5）攻击者可能会使用这些信息进行更广泛的攻击，例如盗窃商业机密或破坏核电站的系统。

（6）攻击者可能会尝试掩盖其活动，以避免被发现。攻击者可能会删除或修改与其活动相关的日志文件或其他记录，或者使用其他技术手段掩盖其活动的迹象。这些行为将使核电站的管理员难以发现或识别攻击行为，延迟攻击的检测和应对。

这只是一种可能的攻击过程推演，实际的攻击过程可能会有所不同。攻击者的攻击手段和行为取决于他们的目标和能力，因此核电站的管理员需要采取有效的措施保护核电站的网络安全，包括限制访问权限、加强密码安全、定期检查网络漏洞，并及时检测和应对网络攻击。

6.3.3　暴露的问题

（1）员工网络安全意识淡薄：攻击者通过钓鱼、欺骗或其他方式获得了电力企业员工的登录凭证，这表明员工可能没有接受到足够的网络安全培训，也没有足够的安全意识辨别恶意行为。

（2）安全基础设施不完备：美国电网和乌克兰核电站均缺乏有效的安全基础设施，包括网络防火墙、入侵检测系统和反病毒软件等，导致未能有效反制攻击者的攻击行为，进而造成敏感信息泄露。

（3）访问控制不严格：攻击者获得了电力系统的访问凭证，依靠访问凭证轻松地进入了核电站的内部网络，并在不被察觉的情况下渗入了该网络。

（4）日志和监控不完备：攻击者通过删除或修改日志文件掩盖其攻击活动，这表明核电站没有完备的监控和日志记录措施。

6.3.4　应对措施

（1）更新安全基础设施：电力企业应该加强其安全基础设施，包括网络防火墙、入侵检测系统、反病毒软件等。并应该定期更新其基础设施，确保其能够有效地防御和检测网络攻击。

（2）建立完备的监控和日志记录机制：电力企业应该建立完备的监控和日志记录机制，以便能够及时识别异常活动和入侵尝试，并能够追溯攻击者的行踪。

（3）增强内部人员安全意识：电力企业需要加强内部人员的安全教育和管理，提高员工的安全意识和防范能力，减少内部人员对电力系统安全的威胁。

（4）定期检查和更新网络漏洞：网络漏洞是网络攻击的入口，因此电力企业应定期检查和更新其网络漏洞，以避免攻击者利用这些漏洞进行攻击。

6.4 系统配置不当造成数据泄露

微软安全响应中心在 2022 年 10 月 20 日发布了针对 10 月 19 日网络安全供应商 SOCRadar 通报的数据泄露事件的调查报告，承认了由于公有云服务器端点配置错误，可能导致未经身份认证的访问行为，继而泄漏微软和客户之间的某些业务交易数据以及客户的个人信息。系统配置不当是导致数据泄露的常见原因，主要原因是身份验证和密码薄弱。

6.4.1 美国德州电气工程公司（PQE）服务器配置引发数据泄露

1. 事件背景

美国德州电气工程公司（PQE）是一家拥有顶尖科技的公司，其产品涵盖了发电、输配电、照明、控制系统等各个领域，包括变压器、开关设备、断路器、电缆、电池等电力设备和解决方案。

2017 年 7 月 6 日，网络安全公司 UpGuard 的网络风险研究所主任发现了 PQE 公司服务器存在一个向互联网开放端口，可通某种方式直接访问服务器资源并下载。该漏洞的存在使服务器的安全性大大降低，导致 PQE 公司的数据被黑客入侵，其中包括诸如"客户"、"用户"等文件夹，不乏以知名公司和公共部门命名的文件夹，例如计算机制造商戴尔、软件巨头甲骨文、电信运营商 SBC 和半导体制造商飞思卡尔以及德州仪器等。黑客从中下载了约 205GB 的数据，导致上述公司和公共部门的大量数据泄露。

2. 攻击过程推演

将系统公开于众的开放端口号为 873，该端口是用来进行 Rsync[①]远程同步备份的默认端口。IT 管理员配置完 Rsync 后没有启用 Rsync 的"主机允许/拒绝"功能，以限制通过此端口访问系统的 IP 地址。

（1）攻击者发现开放端口，进入 command-line[②]接口。

（2）攻击者对返回对数据库中对内部文件进行批量下载，数据泄露如图 6-6、图 6-7 所示。

---

① Rsync：在不同的计算机之间同步文件和目录的工具软件。

② 命令行界面（Command-Line Interface，CLI）：是在图形用户界面得到普及之前使用最为广泛的用户界面，它通常不支持鼠标，用户通过键盘输入指令，计算机接收到指令后，予以执行。

图 6-6　泄露的主目录中的"客户"文件夹

图 6-7　"客户"文件夹中的内容

6.4.2　德国电网公司数据泄露事件

1. 事件背景

德国电网公司 Amprion 是一家总部位于德国的大型输电系统运营商（TSO），拥有并运营着一个广泛的高压输电网络，覆盖了德国的大部分地区。

2019 年，德国电网公司 Amprion 由于数据库配置问题导致了一起严重的数据泄露事件，Amprion 公司将他们自己的数据库部署在一个"透明"的服务器上，任何人都能看到里面的秘密。想象一下，Amprion 的数据库就像是一个明星豪宅，但是忘了关门，任何人都可以随意走进去参观。由于服务器没有加密，攻击者就好像是在公园散步一样轻松地获取了数据库里的珍贵信息。该事件导致数百万客户的个人数据泄露。据报道，这些数据包括客户姓名、地址、电子邮件地址、银行账户信息和电表数据。此外，泄露的数据还包括一些内部文件，例如 Amprion 的标准操作程序和网络拓扑图。

2. 攻击过程推演

此次数据泄露事件的原因比较简单，具体的过程分为以下两步。

（1）Amprion 未能正确地配置自己的数据库，Amprion 的数据库被保存在一个未加密的服务器上，并且没有正确地限制数据库的访问权限。

（2）由于该服务器没有被加密，因此攻击者不用做任何其他工作，可以直接登录服务器下载数据库中的数据。

6.4.3 暴露的问题

（1）企业内部缺乏严格的数据安全管理策略和流程：未能采取必要的安全措施，如适当的访问控制和身份验证机制等，导致安全性下降。

（2）企业内部缺乏操作指南：满足大量信息系统设备的安全配置要求，对员工业务水平、技术水平要求较高。企业应制定一些规范操作手册或操作文档对员工的行为进行规范。

（3）内部人员缺乏安全意识：IP 管理员在进行配置时没有足够的安全意识，操作不够严谨，导致系统配置不当给攻击者提供可乘之机。

（4）数据库配置不当：企业未建立数据库配置基线，未按照统一标准进行控制，缺少明确的目标数据库配置状态，导致企业数据库管理不标准，部分数据库在安全配置上存在漏洞，最终出现权限控制不当数据泄露的情况。

6.4.4 应对措施

（1）加强监督：电力企业应该加强对系统配置和访问控制等方面的监督和管理，避免因为操作失误或不当的配置而导致数据泄露事件的发生。

（2）建立安全风险核查清单：企业应针对自身业务系统特点配置检查清单和操作指南，并集中收集核查的结果，以及制作风险审核报告，最终识别与安全规范不符合的项目。

（3）加大员工日常培训力度：在数据迁移和存储等操作中，员工应该接受专业的培训和教育，提高对数据安全和隐私保护的意识和认识。

（4）数据库的配置规范化：电力企业应建立统一的数据库配置基线，按照数据库的版本和类型，明确定义数据库实例的标准配置项，包括权限管理、密码策略、审计日志、网络访问控制等，并建立配置基线库，新建数据库及现有数据库均按基线进行部署和扫描检查，及时发现配置漂移的情况并进行更新，提升数据库安全性。

6.5 典型的电力行业成功防御网络攻击案例

6.5.1 美国新墨西哥公共服务公司成功应对网络攻击事件

1. 事件背景

美国新墨西哥公共服务公司（Public Service Company of New Mexico，PNM）是一家

总部位于美国新墨西哥州的公共电力服务公司，是新墨西哥州最大的电力公司之一。在2018年该公司遭受网络攻击，攻击者通过针对 PNM 的电子邮件系统进行网络钓鱼攻击，并成功地获得了某些员工的登录凭据。随后，攻击者试图利用这些登录凭据进一步入侵 PNM 的内部网络并获取敏感数据，幸运的是该公司的安全团队成功的应对了此次危机。

2．防御过程推演

（1）PNM 的安全团队通过日志检测发现了这一入侵活动。

（2）安全团队立即断开了被感染的系统与网络的连接，尽最大可能减少受攻击影响的网络范围，并迅速对受影响的系统进行了检查和修复。

（3）与第三方的网络安全专家合作，对攻击事件进行了深入的调查和分析。在调查过程中，团队发现了攻击者的攻击路径和使用的恶意工具，从而有助于后续的防御和应对措施。

（4）事后 PNM 公司加强了内部网络的安全措施，包括加强对员工账户的访问控制、增强密码策略、进行网络安全培训和意识提高活动等。PNM 公司还进行了全面的系统审查，以确保没有其他未知的漏洞存在。

6.5.2　爱尔兰国家电网公司成功应对网络攻击事件

1．事件背景

爱尔兰国家电网公司（Electricity Supply Board，ESB）负责全国范围内的电力发电、输电和配电。然而在2017年，ESB 遭受了一次有组织的网络攻击，这次攻击的目的是入侵并瘫痪其电力系统，并试图窃取该公司的敏感数据，幸运的是安全团队成功的防御了这次攻击。

2．防御过程推演

（1）ESB 的网络安全团队在发现遭受攻击之后迅速采取了行动，利用强大的防火墙和入侵检测系统，以监控和阻止潜在的恶意流量。

（2）安全采用了严格的身份验证和访问控制措施，限制了对关键系统的访问权限。

（3）在事后 ESB 加强了员工培训和安全意识提升，通过教育员工如何识别和应对网络威胁，提高了整体安全意识。此外，ESB 公司与相关机构和安全供应商合作，共享情报并及时更新防护措施，以保持对新威胁的应对能力。

6.6 本章小结

本章我们深入研究并剖析了近年来电力行业发生的数据安全典型事件。通过对这些事件的深入分析，我们不仅可以了解这些数据安全事件的发生机制，而且也认识到了它们产生的影响和后果。这些真实的案例使我们进一步认识到了电力数据安全的重要性，并为我们提供了宝贵的经验教训。

在电力数据安全防护的过程中，我们看到了人为错误、技术缺陷、管理漏洞等多种风险因素的存在。这些风险因素不仅可能导致电力数据的泄露，还可能引发更大范围的电力系统运行问题，对社会经济的安全稳定产生重大影响。此外，我们也看到了在电力数据安全防护中采取主动防御和快速响应的重要性。这不仅需要我们持续更新和优化防护技术，还需要我们加强电力数据安全的管理和监控，建议参照 3.2 节及第五章相关内容建立全环节、全流程的数据安全防护体系，以便及时发现和处理可能的安全威胁。同时笔者建议电力企业可以定期开展实战化攻防对抗，通过参与国家层面的实战攻防演习以及组织企业内部的实战攻防对抗，模拟真实的网络攻击场景，检验企业现有安全防护体系的有效性，有助于帮助企业提前发现潜在的漏洞和风险。

通过本章内容，我们可以更好地认识和理解电力数据安全防护的重要性和复杂性。但同时，我们也看到了电力数据安全防护工作中存在的挑战和困难。因此，面对未来，我们需要不断探索和尝试新的数据安全防护方法。在接下来的第七章中，我们将对未来电力数据安全防护的技术发展趋势进行展望，希望在新的政策和新的背景下，电力企业能够更好地应对数据安全的挑战，进一步提升数据安全防护能力。

【剑舞】持剑而舞，美则美矣！完美谢幕，意犹未尽……灵活应用各种技术，话电力行业，筑安全防线！

剑舞：电力行业数据安全未来发展趋势

当今世界，数字化转型为新型电力系统建设带来巨大发展机遇，同时也产生了新的安全风险与挑战。为促进企业数据价值释放，推动数字经济快速发展，数据安全管理得到了电力行业各方的共识，同时也受到了法律的约束。"三法一条例"等法律法规的颁布出台，构成现有的数据安全领域的基础性法律体系，为保障国家关键基础设施数据安全提供了重要的法律根基，也为下一步完善数据安全管理体系的建立确立了方向。

在即将到来的新型电力系统新时代，数据安全形势将愈加复杂，在面对新形势、新挑战时，我们需要提前做好应对新数据安全问题的各项准备工作。

7.1 电力行业数据安全面临新挑战

7.1.1 电力数据主权维护面临着"新数据孤岛"挑战

数据作为数字经济的核心要素，已然成为国家核心竞争力的战略制高点，各国政府、各个领域在数据资源的争夺愈加激烈，电力数据关乎国家命脉，在开放共享、价值挖掘的同时必须兼顾数据安全领域的主导权。出于维护国家安全、数字经济发展以及个人权益等现实利益需要，数据安全领域的战略博弈势必加剧，在愈发重要的电力数据资源获取过程中，过度的数据主权必将产生"新的数据孤岛"，绝对的防御和限制数据既不现实，也不利于数字经济和数字技术的发展，违背了数据发展的客观规律。数据开放是不可逆的，数据流动不可避免，电力企业只有积极探索数据安全的新方法和新技术，保障数据权益，推动数据的流动和价值转化，才能促进数据产业发展和数字经济增长。

7.1.2 个人信息和隐私保护成为电力数据保护的主战场

电力数据中存储着电力生产和消费信息，其中包括了大量的个人信息和用电信息，国家颁布实施《中华人民共和国民法典》和《中华人民共和国个人信息保护法》，将个人信息及隐私保护作为了数据安全防护的核心。针对个人信息及隐私数据的全方位安全管控已势在必行，电力企业要根据自身特点，建设起个人信息及隐私数据安全保护体系，健全制度流程、制定标准规范、提升技术能力，防止个人信息泄露、加密勒索、损毁破坏以及引发的次生灾害等威胁，做好个人信息数据从采集到销毁全生命周期防护，满足法律监管和业务安全的要求。

7.1.3 电力行业数据安全管控更加依赖新技术应用

随着业务流和数据量的激增，由传统人工监测、评估、治理数据的方式已经难以胜任，必须采用更加高效、智能的自动化手段，对数据流开展全方位的保护，构建数据全生命周期智能管控体系。在日新月异涌现出的新技术加持下，数据安全风险监测、风险评估以及风险整治等产品和服务将应运而生，帮助电力企业清晰了解数据安全风险状况，根据风险评估智能化联动响应处置，以实现风险的持续监测，对已知风险自动防御，对未知漏洞快速识别和风险抵御，将极大程度降低风险发生的概率，减少可能带来的损失。

7.2 电力行业数据安全未来发展趋势

7.2.1 数据安全政策法规和监管措施将日趋完善

随着数字化转型的深入，电力行业的数据会向着更开放、更灵活的方向发展。为了保障国家关键基础设施，在数字经济不断发展中确保数据安全监管到位，数据安全的监管法律体系将持续提升。在未来一段时间内，针对数据安全，特别是电力行业的数据安全技术标准、规范的完善将越发迫切，自动化地数据安全合规监督管理将会更加严格，数据合规将会受到电力企业的持续关注。数据安全的管理体系、技术体系和服务体系将不断迭代，以符合日益精进监督所需的数据安全建设要求。

7.2.2 电力数据版权管理体系发展步入正轨

在商业化应用领域，数字版权的管理体系已初具规模，运用多种密码技术为数字版权所有者确权和维权，限制和管理其他主体对于数字信息的使用。在电力大数据的产生和使用过程中，涉及数据拥有企业的版权应用权利时，需要通过相关技术和管理体系，确保数据拥有企业的合法权益。通过大数据、人工智能、区块链、隐私计算等技术，实现数据流转记录的自动留存，智能数据分享、合同签订和收益分配，全天候自动搜索电力数据的来源，在海量数字化信息中精准捕捉侵权行为，维护电力企业数据的版权利益。电力数据版权管理和技术势必将愈发成熟，有助于推动数字产业的可持续良性发展，保障"实施文化产业数字化战略"[①]的逐步落实。

7.2.3 电力行业的安全体系建设逐步落地

随着数据的开发共享程度不断走深，业务和安全的界限日益模糊，数据产生使用的业务部门和网络安全管理部门的数据安全管理功能将不断融合。在未来的电力企业数据安全体系建设中，数据安全新技术不断融入业务实践中，实现数据安全管理和业务发展的有机结合和相互促进，在不影响业务流转效率同时实现数据安全管控，达到数据又快又安全的目标。通过将数据分类分级、智能监测等安全技术融入业务工作中，实现数据安全的按需管理，更能够进一步促进业务发展。

7.2.4 电力行业数据安全重要性日益突出

2023 年 2 月，中共中央、国务院印发了《数字中国建设整体布局规划》，指出数字基础设施高效联通，数据资源规模和质量加快提升，数据要素价值有效释放，数字经济发展质量效益大幅增强[②]。故而，电力行业数据的开放和共享已成必然趋势，能源大数据中心的建立和完善已基本完成，如何安全且最大化地挖掘电力数据的潜力为社会发展服务已势在必行。国家适应时代发展新格局，大数据工作连续四年写入政府工作报告，国家大数据局的成立等一系列动作，都标志着国家数据产业已步入新的发展阶段。电力数据资产作为数字经济的关键生产要素，在数字经济新征程中，开放和共享已成为下阶段主要工作。通过对电力数据的挖掘，辅助政府在"双碳""经济"等领域的监测分析，已经成为推动数字经济发展的关键。电力数据是政务数据的重要组成，电力数据要素的高效配置担负着社会治理、经济发展需要的重要一环，电力数据价值蕴藏着无可比拟的国家战略价值。如何最大程度地释放电力数据价值将成为重要的议题，而作为战略资源的电力数据也将受到大数据局等主管部门的统筹和管理，构建政—企联动的全方位的数据安全体系，为数字经济保驾护航，必将提升到国家战略高度。

习近平总书记提出要"筑牢数字安全屏障"。数字中国是数字时代推进中国式现代化

---

① 引自《"十四五"国家信息化规划》
② 引自《数字中国建设整体布局规划》

的重要引擎，也是构筑国家竞争新优势的有力支撑和坚强保障，数字安全是数字中国建设的重要保障，而电力行业数据安全则是数字安全链条上的重要一环。电力数据安全和数字安全相互依存、相互促进。一方面，中国将持续加强数字安全的建设和管理工作，包括网络安全、信息安全和数据安全三个内容，数字安全体系也为电力数据安全提供了重要保障，数字安全的建设将全方位保护国家信息安全、电力行业等关键信息基础设施安全、个人隐私安全等。另一方面，电力数据安全不仅是电力行业和电力企业自身发展的需求，更是成为了推进数字中国建设、保障国家数字安全的重要任务。